企业级卓越人才培养（信息类专业集群）解决方案"十三五"规划教材

基于 MVC 的 Java Web 项目实战

天津滨海迅腾科技集团有限公司　主编

南开大学出版社

天　津

图书在版编目(CIP)数据

基于 MVC 的 Java Web 项目实战 / 天津滨海迅腾科技集团有限公司主编. —天津：南开大学出版社，2017.5（2023.8 重印）

ISBN 978-7-310-05323-0

Ⅰ.①基… Ⅱ.①天… Ⅲ.①JAVA 语言－程序设计 Ⅳ.①TP312.8

中国版本图书馆 CIP 数据核字(2017)第 015014 号

基于 MVC 的 Java Web 项目实战
JIYU MVC DE Web XIANGMU SHIZHAN

南开大学出版社出版发行
出版人：陈　敬
地址：天津市南开区卫津路 94 号　　邮政编码：300071
营销部电话：(022)23508339　营销部传真：(022)23508542
https://nkup.nankai.edu.cn

河北文曲印刷有限公司印刷　全国各地新华书店经销
2017 年 5 月第 1 版　　2023 年 8 月第 6 次印刷
260×185 毫米　16 开本　10 印张　247 千字
定价：40.00 元

如遇图书印装质量问题,请与本社营销部联系调换,电话:(022)23508339

企业级卓越人才培养（信息类专业集群）解决方案
"十三五"规划教材编写委员会

前　言

近些年 Java Web 技术在网站开发中占据着很大的比例,而在大型网站的开发中,就必然会使用到 MVC 框架。其摆脱了 Model 的设计模式,更好地将业务逻辑、数据访问以及视图显示进行分离,更适合企业大型网站的开发。

本书结合在线书城实例详细地讲解了 MVC 开发设计模式和相关的理论知识,对 JSP 网页编程进一步地深化扩展。

本书以在线书城项目实例的编写过程为线索,分为七章。分别介绍了在线书城项目的需求分析、MVC 框架的模式和应用、JavaBean 的基础知识、Servlet 的概念和核心知识、JSP 内置对象的使用范围和使用方法、如何使用 EL 表达式和 JSTL 来优化 JSP、连接池的用法以及如何使用 Servlet 过滤器等。

本书首先采用由合到分的讲解方式,先使读者对 MVC 框架有一个整体的了解,最后再深入细化学习其中的每一个知识点,由浅入深。通过本书的学习,能够使读者充分理解 MVC 架构,并且可以在项目编写中熟练运用。

本书每章均划分为学习目标、课前准备、本章简介、具体知识点讲解、小结、英语角、作业、思考题、学员回顾内容九个模块。学习目标和课前准备对本章要讲解的知识进行了简述,小结部分对本章知识进行了总结,英语角解释了本章一些术语的含义,可以使读者全面掌握本章所讲的内容。

本书由李国燕主编,李春阁、贾艳平、邬丕承、刘胜等参与编写,邬丕承、刘胜负责全书内容的规划和编排。具体分工如下:第一、二、三章由李国燕、李春阁共同编写;第四、五、六、七章由贾艳平、刘胜、邬丕承共同编写。

本书知识点讲解明确,项目讲解思路清晰,内容衔接流畅通顺,通俗易懂,可以作为教学教材,也可以供读者自学使用。本书的案例经过精心的设计,所有的代码都通过了测试,读者可以放心进行参考和学习。

企业级卓越人才培养（信息类专业集群）解决方案简介

　　企业级卓越人才培养（信息类专业集群）解决方案（以下简称"解决方案"）是面向我国职业教育量身定制的应用型、技术技能型人才培养解决方案，以天津滨海迅腾科技集团技术研发为依托，联合国内职业教育领域相关行业、企业、职业院校共同研究与实践研发的科研成果。本解决方案坚持"创新产教融合协同育人，推进校企合作模式改革"的宗旨，消化吸收德国"双元制"应用型人才培养模式，深入践行"基于工作过程"的技术技能型人才培养，设立工程实践创新培养的企业化培养解决方案。在服务国家战略、京津冀教育协同发展、中国制造 2025（工业信息化）等领域培养不同层次及领域的信息化人才。为推进我国教育现代化发挥应有的作用。

　　该解决方案由"初、中、高级工程师"三个阶段构成，集技能型人才培养方案、专业教程、课程标准、数字资源包（标准课程包、企业项目包）、考评体系、认证体系、教学管理体系、就业管理体系等于一体。采用校企融合、产学融合、师资融合的模式在高校内共建互联网学院、软件学院、工程师培养基地的方式，开展"卓越工程师培养计划"，开设系列"卓越工程师班"，"将企业人才需求标准、企业工作流程、企业研发项目、企业考评体系、企业一线工程师、准职业人才培养体系、企业管理体系引进课堂"，充分发挥校企双方特长，推动校企、校际合作，促进区域优质资源共建共享，实现卓越人才培养目标，达到企业人才培养及招录的标准。本解决方案已在全国近二十所高校开始实施，目前已形成企业、高校、学生三方共赢格局。未来五年将努力实现在年培养能力达到万人的目标。

　　天津滨海迅腾科技集团是以 IT 产业为主导的高科技企业集团，总部设立在北方经济中心——天津，子公司和分支机构遍布全国近 20 个省市，集团旗下的迅腾国际、迅腾科技、迅腾网络、迅腾生物、迅腾日化分属于 IT 教育、软件研发、互联网服务、生物科技、快速消费品五大产业模块，形成了以科技为原动力的现代科技服务产业链。集团先后荣获"全国双爱双评先进单位""天津市五一劳动奖状""天津市政府授予 AAA 级和谐企业""天津市文明单位""高新技术企业""骨干科技企业"等近百项殊荣。集团多年中自主研发天津市科技成果 2 项，具备自主知识产权的开发项目数十余项。现为国家工业和信息化部人才交流中心"全国信息化工程师"项目联合认证单位。

目　录

理论部分

上机部分

理论部分

第1章 项目实战——在线图书购物需求分析

学习目标

◇ 了解如何进行项目需求分析。
◇ 了解如何进行详细设计。

课前准备

复习软件工程中的项目管理与 UML 图。

本章简介

本书所介绍的知识将在项目实践中进行详细讲解，在此教材中，我们将对 JSP 技术进行扩展应用，以一个完整的项目来讲解 MVC 中各个方面的知识。我们选用了由 SUN 公司提供的 PetStore（宠物商店）比较接近的 BookShop 来作为项目。BookShop 实现了网络图书购物的基本功能，包括用户注册、登录、浏览商品、购物车以及查看订单等。在本章中，主要进行需求分析和数据库的建模。

在讲解详细知识之前，我们要对需求进行详细的分析，然后在整个设计过程中，完成项目的各个部分。

1.1 系统需求

任何软件开发的第一步都是明确系统需求，也就是要知道系统要实现什么功能，具体的要求是什么。如果这些都没弄明白，开发出来的系统肯定是不合格的。

大部分读者都有过在网上购物的经历。用户在购物网站可以很方便地注册、登录、浏览商品、查询商品，购买时也只需要点几下鼠标。网络商店系统实现了上述的基本功能，用户可以在网络商店中进行注册、登录、浏览商品以及查询购物车，下面来讲解系统中的每个功能。

1.1.1 注册、登录

用户注册、登录就是实现新用户的注册和老用户的登录，这两个功能基本上每个电子商务网站上都提供。用户注册就是新用户在网络商店进行信息注册，这是购物的前提。用户必须先注册才能进行购物。注册时系统会对注册信息进行验证，以确保注册信息的正确性及有效性。用户可以未登录进行购物,但是在购物结账时用户需要输入登录信息,在进入系统时用户也可以进行登录。登录时如果用户名与密码不匹配,系统会提示错误。

1.1.2 浏览商品

浏览商品实现用户在网络商店中随意浏览商品。商品是根据商品类别来进行分类的,用户可以单击每一个分类的链接进入该分类列表。进入每一个商品类别之后,商品根据每个产品的类型再次分类。

例如:进入书籍这个大类别,又可以分为很多种类,如计算机相关的书、管理相关的书,用户可以根据一个产品链接来进入此产品系列。例如,单击进入计算机相关的书,进入之后列举的是计算机相关的商品。单击每一个商品就可以看到其具体信息。比如单击《计算机程序设计语言》,就可以看到这本书的出版日期、价格等书本的大概内容。用户如果觉得这本书很合适,就可以把它放进购物车。

1.1.3 结账

在结账的时候,系统会显示用户购物车中已有的商品,包括产品名、产品数量、单价、总的价格以及是否有库存。在最后确定订单时,用户可以修改商品的数量。例如,想买两本《计算机程序设计语言》,用户可以修改它的购买数量。如果用户不想买这本书了,就可以把这本书从购物车中移除。但是一旦点击了结账,生成了订单,购物车就不能改变了。

根据上面的需求概述,我们可以画出如图 1-1 所示的用例图。

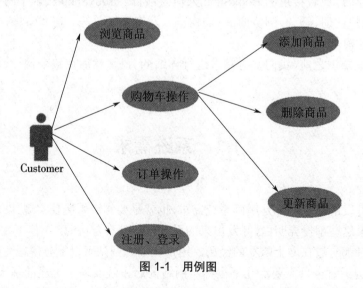

图 1-1　用例图

1.2　系统功能描述

在这里,我们将以最直观的方式来介绍整个系统要实现的功能。

1.2.1　用户注册

用户注册是网络商店的基本功能之一。用户如果从网络商店购买商品,必须有一个网络商店的账号。用户可以通过注册得到账号。注册页面效果如图 1-2 所示。

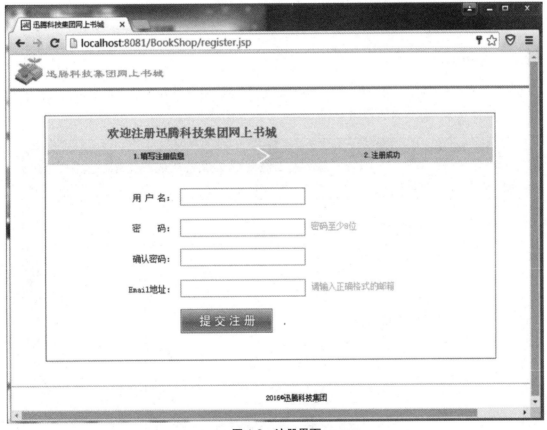

图 1-2　注册界面

注册成功之后,进入网络商店的首页,此时已将注册的账号作为登录账号。在注册用户时,系统会对用户信息做一些验证,比如,长度验证、邮箱格式验证等。如果信息不对,则注册失败,系统会提示失败原因,并返回到注册页面。图 1-3 是注册顺序图。

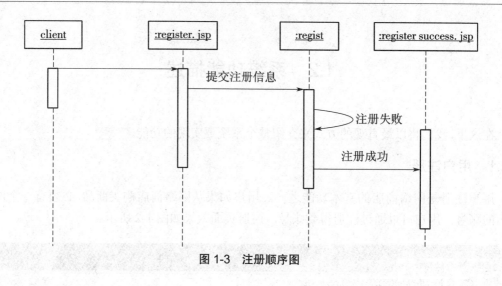

图 1-3　注册顺序图

1.2.2　用户登录

　　如果用户已经拥有一个账号,就可以直接进行登录,用户进入系统首页时,可以点击"登录"按钮进行登录。登录页面如图 1-4 所示。

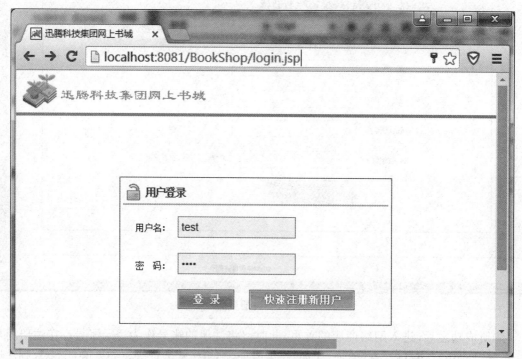

图 1-4　用户登录界面

　　登录成功后返回到系统的首页,如果登录失败就会返回到登录页面。图 1-5 是其登录顺序图。

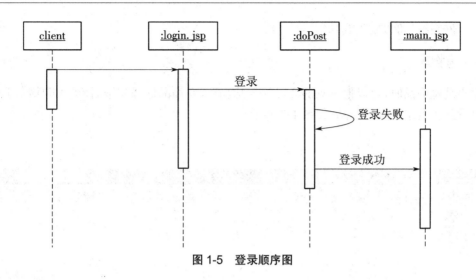

图 1-5 登录顺序图

当然,登录成功后,用户还可以对自己的用户信息进行修改,可以通过一个链接进入修改界面。此功能读者可自己实现。

1.2.3 浏览商品

用户成功登录后就可以浏览网络商店中的商品了。在首页中的商品可以供用户选择,我们可以直接把这些商品放入购物车,首页如图 1-6 所示。

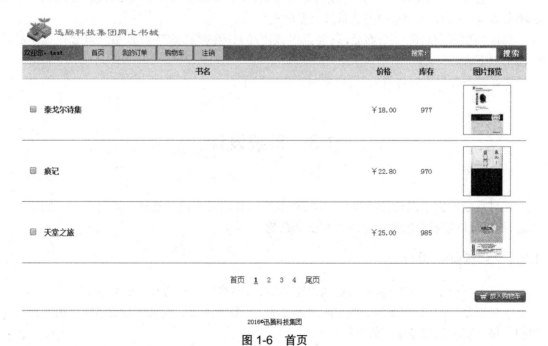

图 1-6 首页

在首页上,我们可以看到页面的上部,有"首页""我的订单""购物车"以及"注销"这些超链接,可以直接进入这些相关页面。

在浏览商品时,可以把喜欢的商品加入购物车,方法是选择书名前的复选框并点击"加入购物车"超链接就可以实现其功能。

1.2.4　购物车

用户浏览商品时,可以把喜欢的商品放入购物车,在商品选择完毕后,进入购物车页面中,就可以看到所有未结账的商品,如图 1-7 所示。

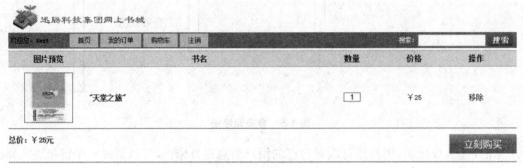

图 1-7　购物车

用户在选择商品的时候,该商品在购物车中已存在,这个时候,该商品在购物车中的数量就会自动增加。

用户也可以在购物车中直接修改商品的数量,在数量的输入框中,输入数量后,点击"更新购物车数量"按钮,购物车中的数量就会及时更新。

想在购物车中删除一个商品,只要点击该商品对应的"移除"按钮,系统就会把该商品从购物车中删除。

选好商品并修改好数量后,用户就可以去结账了。

1.3　系统设计

在对系统的需求进行分析以后,开始对系统的整体架构进行设计。这里会对一些设计算法进行分析,以使我们能够清楚的了解整个系统。

1.3.1　系统架构设计

在这个系统中,我们将遵循多层次的架构设计,而且每个层所负责的功能也是不同的。从上到下分别是视图层、控制层、模型层、数据访问层、数据库层。前面三层是 MVC 模式的实现架构。每一层之间都是相互依赖的。

1.3.2　业务实体设计

一个系统的业务实体存在并表现为实体域对象,在数据库中表现为关系数据。实现业务实体包括以下内容:

> 设计域模型,创建域模型实体对象。
> 设计关系数据模型。
> 根据关系数据库创建对象。

在网络商店中有以下的业务实体:用户、具体商品、订单、订单项、购物车和购物车中的具体商品。下面对这些业务实体做一个简单的解释。

> 用户:代表一个用户实体,是指在该网站进行购物的客户,主要包括用户的详细信息,如用户名、密码、送货地址、联系电话等。
> 具体商品:代表每一个具体的商品信息,如上面提到的《计算机程序设计》,主要包括商品的名字、价格、数量等。
> 订单:代表用户的订单主要包括订单号、用户信息等具体内容。
> 订单项:代表订单中的具体商品,一个订单项包括一个商品的具体购买情况。
> 购物车:代表用户的购物车,我们把要购买的商品先要放入购物车中。
> 购物车中的具体商品:代表购物车中每一个具体的商品项。

有了上面的这些描述,我们可以使用类图来画出它们之间的关系,如图 1-8 所示。

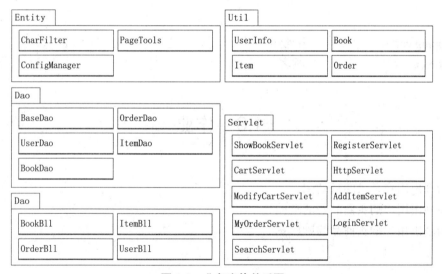

图 1-8　业务实体关系图

下面介绍一下业务实体之间的对应关系:

> 用户(Userinfo)和订单(Orders)。一个用户可以拥有多个订单,一个订单只能属于一个用户,它们之间的关系是一对多的关系。数据库表中表现为订单表中有一个用户表的外键。
> 订单(Orders)与订单项(Lineitem)。一个订单中可以有很多订单项,一个订单项只是对一个具体商品的封装。订单与订单项目的关系在数据库中就是在订单项表中有一个订单的外键。
> 订单项(Lineitem)与具体商品(Item)。一个订单项就是对具体商品的封装,一个具体商品就是这个商品的详细信息,它们是一对一的关系,订单项中除了有这个具体商品的信息,还有这个商品的购买数量、属于哪个订单等。在数据库中就是在订单项中有一个具体商品的外键。

> ➤ 购物车（Shopping Cart）和购物车中具体商品（Shopping Cartitem）。用户的购物车中可以有多个具体的商品。

以上是系统中所有实体域模型之间关系的定义。

1.4　小结

✓ 软件开发的第一步就是明确系统需要。
✓ 多层次的架构设计一般从上到下分别是视图层、控制层、模型层、数据访问层、数据库层。

1.5　英语角

| shopping cart | 购物车 |
| customer | 顾客 |

1.6　作业

1. 请画出用户登录的活动图。
2. 请画出用户购买商品的活动图。
3. 请画出用户购买商品的顺序图。

1.7　思考题

我们进行概要设计时，需要注意哪些问题。

1.8　学员回顾内容

对网上图书商店进行需求分析和概要设计。

第 2 章　MVC 简介

学习目标

✧ 掌握 MVC 架构的概念。
✧ 掌握 MVC 架构中 Model 的实现。
✧ 掌握 MVC 架构中 View 的实现。
✧ 掌握 MVC 架构中 Controller 的实现。

课前准备

复习 JSP 知识。

本章简介

对系统进行分析后,在系统架构方面采用 MVC 架构,本章首先介绍 MVC 架构。

在 Web 应用程序中,客户首先看到的是用户界面,它承担着向用户显示问题模型、与用户进行互动和进行后台数据交互的作用。

用户希望保持交互操作界面的相对稳定,但更希望根据需要改变和调整显示的内容和形式。例如,要求支持不同的界面标准或得到不同的显示效果,适应不同的操作需求。这就要求界面结构能够在不改变软件功能和模型情况下,支持用户对界面构成的调整。

要做到这一点,从界面构成的角度看,困难在于:在满足对界面要求的同时,如何使软件的计算模型独立于界面的构成。模型－视图－控制器(MVC: Model-View-Controller)就是这样的一种交互界面的结构组织模型。

2.1　MVC 介绍

面向对象技术的出现和应用大大提高了软件的重用性和质量。面向对象的编程也比以往的各种编程模式要简单和高效,但是面向对象的设计方法要比以往的设计方法要更复杂和更有技巧。一个良好的设计应该既具有对问题的针对性,也充分考虑对将来问题和需求有足够的弹性。在过去的几十年中,人们在对面向对象技术的研究探索和实际应用中针对某些问题创造了一系列良好的解决方案,即所谓的面向对象的设计模式。面向对象技术的目的之一就是提高软件的重用性,而对设计模式、设计方案的重用则从更深的层次上体现了重用的意义和本质。

1.OOD 的特点

面向对象的设计（OOD）将一个程序分解成根据具体的对象而设计的一系列元素。这些具体对象的行为和数据以一种叫做"类"（class）的编程单元进行打包。应用程序创建一个或多个这些类的实例，也称为"对象"（object）。类的行为是通过创建对象的关系组合在一起。

OOD 允许开发者用两种方法来控制复杂性的程度。

第一，OOD 定义严格的出口语义，这允许开发者隐藏实现的细节，并且明确地说明什么方法是其他对象可以访问的。这个信息隐藏可以对大部分代码进行修改而不影响其他的对象。

第二，OOD 将对象之间的关系分为四类：继承、包容、使用和协调。适当地使用这些关系可以大大减少应用开发过程中本质的和非本质的复杂性。如：继承是产生面向对象设计中可再使用的主要因素。使用性是通过代码共享和多态性获得的，可以大大减少应用的本质的复杂性。包容是允许一个类的用户在使用包容器时忽略被包容的类。这个简化使设计者能够大大减少应用的非本质的复杂性。

2. 可视化接口在 OOD 方面的不足

许多程序都需要可视化接口，这些接口由对话框、选单、工具条等组成。这些可视化接口的增加会引起 OOD 设计的不足，使得一个好的面向对象的设计走向反面。可视化接口有三个属性可能会给应用开发带来麻烦。

第一，可视化接口提高了传统的面向操作的拓扑结构。用户产生接口事件，如开关按键和列表框选择等，受到程序的一个模块的驱动并且用来对静态的数据进行操作。在设计中将面向操作的拓扑结构和一个面向对象的设计混合在一起，将导致对象之间大量的杂合。

第二，用户接口对于同样的信息经常会需要许多不同的显示。如，一个客户选择列表框可以包含一个客户的名字和电话号码以及许多其他客户的名字。

当用户选择某个特定的客户后，他／她的名字和电话号码及其他全部相关的信息都会详细地显示出来。

除此之外，一个简单的程序可能具有不同的用户接口。如一个银行账户系统有一个接口用于出纳员来访问账户平衡、存款和取款，而监督者的接口则包含另外的信息并加上账号管理的功能。这些不同的接口很容易导致类的扩展。

第三，可视化接口在整个设计阶段还会进行较大的改变。这些改变包括完全重新安排用户与系统的交互操作等。可视化接口的改变即使在最好的设计中也会增加应用开发的复杂性。

MVC 可弥补可视化接口 OOD 的不足，MVC 架构把用户接口问题分割为 3 个模块：模型（Model）、视图（View）和控制器（Controller）。

模型－视图－控制器（Model-View-Controller，MVC）编程技术允许开发者将一个可视化接口连接到一个面向对象的设计中，而同时还可以避免上面提到的 3 个问题。MVC 最初是为 Smalltalk 语言而设计的。MVC 通过创建下面三个模块将面向对象的设计与可视化接口分开：

➢ 模型（Model）：模型包含完成任务所需要的所有的行为和数据。模型一般由许多类组成并且使用面向对象的技术来创建满足五个设计目标的程序。

➢ 视图（View）：一个视图就是一个程序的可视化元素，如对话框、选单、工具条等。视图显示从模型中提供数据，它并不控制数据或提供除显示外的其他行为。一个单一的程序或模型一般有两种视图行为。

> 控制器（Controller）：控制器将模型映射到视图中。控制器处理用户的输入，每个视图只有一个控制器。它是一个接受用户输入、创建或修改适当的模型对象并且将修改的模型对象在视图中体现出来的状态机。控制器在需要时还负责创建其他的视图和控制器。

控制器决定哪些视图和模型组件应该在某个给定的时刻是活动的，它一直负责接收和处理用户的输入，来自用户输入的任何变化都被从控制器送到模型。

视图从模型内的对象显示数据。这些对象的改变可以通过也可以不通过用户的交互操作来完成。

MVC 层级之间的关系如图 2-1 所示。

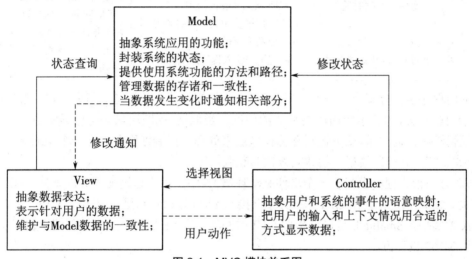

图 2-1　MVC 模块关系图

控制器是与请求发生关联的，它的工作就是协调请求处理，将用户输入转变为模型更新和视图。控制器就像一个主管，首先规划要做哪些更新和要显示什么视图，然后调用被选择的模式和视图以执行真正的规划。一个应用程序可能有多个控制器，每个控制器负责应用的某个特定领域。通过协调用户请求的回答，控制器管理着全部的应用流转。

模型存储应用状态和一些业务，模型为控制器和视图提供了统一的接口。视图从模型中读取数据，并使用这些数据来响应。

表 2-1 是对 MVC 关系图的分工和协作说明。

表 2-1　MVC 关系图的分工和协作说明

	模型 M	视图 V	控制器 C
分工	➢ 抽象系统应用的功能 ➢ 封装系统的状态 ➢ 提供使用系统功能的方法和路径 ➢ 管理数据的存储和一致性 ➢ 当数据发生变化时通知相关部分	➢ 抽象数据的表达式 ➢ 表示针对用户的数据 ➢ 维护与 Model 数据的一致性	➢ 抽象用户和系统的事件的语意映射 ➢ 把用户输入翻译为系统事件 ➢ 根据用户输入和上下文情况选择合适的数据
协作	➢ 当改变系统数据时通知 View ➢ 能够被 View 检索数据 ➢ 提供对 Controller 的操作	➢ 把 Model 表征给用户 ➢ 当数据被相关 Model 改变时更新表示的数据 ➢ 把用户输入提交给 Controller	➢ 把用户输入转化成对 Model 的系统行为 ➢ 根据用户输入和 Model 的动作结果选择合适的 View

　　将应用程序逻辑分离为三个部分后,就可以确保模型层无须知道如何显示,模型的作用仅限于表示问题部分,即表示应用所要解决的问题。类似地,视图层只要考虑显示数据,而与实现业务逻辑没有任何关系,业务逻辑要由模型层来处理。控制器则非常像一个交通警察,它指挥要显示的视图,并控制模型层的数据修改和获取。

　　MVC 方法很大程度上基于一个事件驱动环境,其中由用户通过使用界面来控制应用的流程。因此,MVC 最先是在 GUI(图形用户接口)应用程序上得到应用。MVC 首先是在 Smalltalk 被实现,Smalltalk 是最早集成 GUI 的 OO 语言,正是这个语言的创建引出了实现时可以采用 MVC 设计方法。

3. 使用 MVC 的优点

　　MVC 通过以下三种方式消除与用户接口和面向对象的设计有关的绝大部分困难:

　　第一,控制器通过一个状态机跟踪和处理面向操作的用户事件。允许控制器在必要时创建和破坏来自模型的对象,并且将面向操作的拓扑结构与面向对象的设计隔离开来。这个隔离有助于防止面向对象的设计走向极端。

　　第二,MVC 将用户接口与面向对象模型分开。允许同样的模型不用修改就可以使用许多不同的界面方式。除此之外,如果模型更新由控制器完成,那么界面就可以多次使用。

　　第三,MVC 允许应用的用户接口进行大的变化而不影响模型。每个用户接口的变化只需要对控制器进行修改。

　　面向对象的设计人员在将一个可视化接口添加到一个面向对象的设计中时必须非常小心,因为可视化接口的面向操作的拓扑结构可以大大增加设计的复杂性。

　　MVC 设计允许一个开发者将一个面向对象的设计与用户接口隔离开来,允许在同样的模型中使用多个接口,并且允许在现阶段对接口做比较大的修改而不需要对相应的模型进行修改。

2.2　MVC 在 Web 系统中的应用

现在的一些基于 Web 的分布式系统,如 B2B 电子商务系统,就适合采用 MVC 架构。

类似于传统的 GUI 应用,基于 Web 的应用几乎完全是用户驱动的,而且必须为将要发生的情况提供某种操作。

在使用 JSP 进行 Web 开发时,我们把显示逻辑(HTML)嵌在应用的业务逻辑中,开发人员会使用一系列的 JSP 页面来实现应用的业务逻辑,同时还要向用户显示界面。 这称为 Model1 体系结构,如图 2-2 所示。

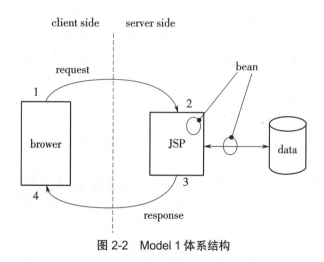

图 2-2　Model 1 体系结构

我们来看下面这个示例,在该示例中解释的事件序列相当简单。我们可以与以前自己的某些项目关联起来考虑:

(1)用户请求一个 Web 页面,例如 Main.jsp。

(2)Tomcat 执行 Main.jsp 中包含的逻辑,还要执行 main.jsp 可能指向的各个包含页面。这种执行可能包括从数据库或其他函数获取数据来满足业务逻辑。Bean 提供了 JSP 页面中的数据。

(3)在页面业务逻辑中包含着一些生成 HTML 的代码,生成这些 HTML 要显示给用户。

(4)作为处理结果,会构建最终的 HTML,并显示给用户。

对于一个小型 Web 应用程序来说,如果业务逻辑很有限,这种体系结构相当合适。它很简单,而且很有效。不过,在一个较复杂的应用中,不仅业务逻辑更有深度,所需的显示逻辑也比较复杂,此时如果仍采用 Model1 体系结构的话就会导致一片混乱而无法维护。JSP 页面的很大一部分都是生成 HTML 和一些业务逻辑的代码。

在一些应用程序中,一个页面为了处理和显示逻辑不得不使用大量的 if、else 以及 for 等结构,因此我们可以明确 Model 1 有以下一些缺点:

➤ 代码重复:完成某些业务规则或影响显示内容的代码通常会重复。由于这个逻辑会多次出现。相应地就修改这个逻辑的多个实例，那么即使在最好的情况下，也可能偶然漏掉几处修改。

➢ 低维护性：如果业务逻辑与显示逻辑纠缠在一起，即使做一些简单的修改也很危险，而且很困难。另外，做出修改的人必须对所用的程序设计语言和 HTML 都很熟悉。

➢ 低扩展性：应用程序中业务逻辑如果有修改的话，可能要求完成大规模的重构。这样一来，在一个 Web 应用程序开发中，一个简单的修改就会付出很大的代价。

➢ 低测试性：采用这种方法开发的应用很难测试。如果应用中每个组件都单独测试，这样的应用才最可测试。如果应用可以很好地进行测试，通常会使其维护便捷更可管理。如此就能快速而简单地评价一些小的修改作用，而开发人员不必担心是否会影响应用中的某些其他部分。

为了克服这些很明显的缺点，开发人员设计出一个使用 Servlet 和 JSP 的体系结构，这个体系结构更为复杂，这就是 Model2 体系结构，它以 MVC 体系结构为基础。在这个实现中，需要用一个 Servlet 作为控制器，接收来自用户的请求，影响模型中的修改，并向客户提供响应。

这个体系结构中实现的视图仍然使用 JSP 页面，但是其中包含的逻辑只与用户显示界面有关，而不再实现业务逻辑。模型层封装在 Java 对象中，这些对象并不关心会如何显示。

使用 Model2 的应用程序，执行流程如下：

（1）用户请求一个 Servlet 的 URL。

（2）控制器接收这个请求，并基于请求确定要完成的工作。控制器在模型中执行调用来具体完成所需的业务逻辑。

（3）控制器指示模型层提供一个数据对象。模型可能要访问数据库来提供这些数据。

（4）控制器得到一个数据对象，以便在视图中显示。控制器还要确定适当的视图提供给用户。通过使用请求分派器控制器 Servlet 可以为所选择的视图（JSP）提供数据对象。

（5）现在视图有了所提供的数据对象，它会根据其显示逻辑来提供数据的响应。

（6）作为这个处理的结果，所生成的 HTML 会作为响应返回给用户。

其体系结构如图 2-3 所示。

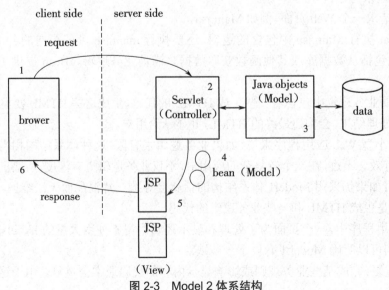

图 2-3　Model 2 体系结构

通过上面的分析,我们从高层次的角度可以将一个应用的对象分为三类。一类就是负责显示的对象;一类对象包含商业规则和数据,在 Model2 中就是 Bean、还有一类就是接收请求,控制商业对象去完成请求,在 Model2 中是 Servlet。这些应用的显示是经常需要变换的,如网页的风格、色调,还有需要显示的内容、内容显示方式等,在 Model2 中就是 JSP。

我们知道商业规则和数据是相对要稳定的。因此,表示显示的对象 View 经常需要变化的,表示商业规则和数据的对象 Model 要相对稳定,而表示控制的 Controller 则最稳定。

通常当系统发布后,View 对象是由美工、HTML/JSP 设计人员或者系统管理员来负责管理的。Controller 对象由应用开发人员开发实施,商业规则对象和商业数据对象则由开发人员、领域专家和数据库管理员共同完成,可以是简单的 JavaBean 或者是 EJB。

2.2.1　View 在 Web 系统中的应用

View 代表视图显示,它完全存在于 Web 层。一般由 JSP、数据对象和 Custom Tag 组成。JSP 可以动态生成网页内容,Custom Tag 可以更方便使用数据对象,而且可以封装显示逻辑,更有利于模块化和重用。一些设计良好的 Custom Tag 可以在多个 JSP 甚至可以在不同的系统里重复使用。JSP 可以读取数据对象,并把这些数据呈现给用户,Model 和 Controller 对象则负责对 JavaBean 的数据更新。一般来说,可以先设计出所有可能出现的视图,即用户使用系统时看到的内容。然后根据这些内容,找出公共部分,静态部分和动态变化部分。可以考虑使用模板方法,把公用的内容单独生成 JSP 模块,需要变化的也各自生成 HTML 或 JSP 局部视图,由一个模板 JSP 把这些不同部分动态的引入(Include 方法)。还有一个要考虑的问题就是视图的选择问题。当处理完用户请求,模板被自动调用来显示,这个显示一定要知道用户关心的视图是由哪些部分组成。所以可以考虑把所有屏幕的定义放在一个集中的文件里,如一个 Java 文件或文本文件。由于考虑到视图定义文件将来的变更可能性,最好使用文本文件如一个 XML 文件,这样将来更改不用重新编译。可以根据用户输入的 URL 和参数可以映射到某一个结果视图,当然有可能还要根据动作的执行结果选择不同的结果视图内容。所以需要一个请求与资源的匹配文件(XML),如果一个 URL 请求有几种不同结果,则要在该文件中指明是否需要流控制(一种 Controller 对象)以及不同流向的对应视图。

2.2.2　Model 在 Web 系统中的应用

Model 对象代表了商业规则和商业数据,存在于业务逻辑层和 Web 层。在 J2EE 的规范中,系统有些数据需要存储于数据库中,如用户的账号信息(Account Model),公司的数据(Company Model)等,也有一些不需要记录在数据库里的,如某用户浏览的当前产品目录(Catalog Model),他的购物车内容(Shopping Cart Model)等。这些 Model 数据存在于哪一层要根据它们的生命周期和范围来决定。在 Web 层有 HttpSession 和 Servlet Context 及 JavaBean 对象来储存数据,在 EJB 层 Model 对象的数据的拷贝。因为 EJB 层有很多不同 Model 对象,所以 Web 层可以通过一个 Model Manager 来控制 EJB 层的各 Model 对象,在 Model Manager 中可以封装使用后台 Model 对象的方法。

在 EJB 层把所有的数据和规则都模式化为 EJB 也是不恰当的。如可以把存取数据库的对象模式化为 DAO 对象。DAO 中可以封装与具体数据库的交互细节,如可以读写不同的多个数据表,甚至多种数据库。如订单的 Model 对象可以是一个 Order DAO,它可能要同时处理 Order 表,OrderStatus 表和 OrderItemLines 表。

此外,可以考虑使用 Value 对象。一个 Value 对象可以封装远程对象,因为每个读远程对象的属性都可能是一个远程过程调用,都会耗费网络资源。可以在 EJB 的远程对象中使用 Value 对象。在远程对象中一次性得到 Value 对象来得到所有属性的值。

2.2.3　Controller 在 Web 系统中的应用

Controller 对象协调 Model 与 View,把用户请求翻译成系统识别的事件。在 Web 层,一般通过 Servlet 来接收用户请求,它可以决定一个 View。一般还有一个请求处理器 Request Processor,包含所有请求都需要做的处理逻辑,如把请求翻译成系统事件(Request To Event)。

Controller 还有一个重要的功能,就是同步 View 和 Model 的数据。在 ModelManger 中包含一个 Model Update Manger,它把系统事件转换为一个 Model 的集合,即可以同步需要的 Model,然后通知 Listeners 去做同步操作。

2.3　MVC 示例

由于我们还没有学过 Servlet,在这个示例中,我们主要是来看通过 MVC 架构设计的程序是如何运行的。这里我们就以 BookShop 系统中,管理员查看用户信息这个功能来做演示。

在这里我们使用 SQLServer 2008R2 数据库,数据库名为:BookShop,在该数据库中有一个存储客户信息的表 USERINFO。该表的表结构如图 2-4 所示。

LR-PC.BookShop - dbo.USERINFO		
列名	数据类型	允许 Null 值
♀ USERNAME	varchar(50)	☐
PASSWORD	varchar(50)	☐
EMAIL	varchar(50)	☐

图 2-4　表结构

为了简化应用程序。我们在一个页面中只有一个超链接,该超链接就是当用户点击"显示所有用户"时,应用程序就把所有的客户信息显示出来。那么我们先来看 userinfo.jsp 文件,该文件作为首页。该文档结构如图 2-5 所示。

图 2-5 文档图片

在这个实例中，我们将要使用的文件是 UserInfo.jsp、UserInfoDisplayList.jsp 两个 jsp 文件，它们在 WebRoot 的 admin 目录下。

我们先来看发送请求的 UserInfo.jsp 页面，如示例代码 2-1 所示。

➤ UserInfo.jsp 代码

```
示例代码 2-1   显示用户链接请求的页面
<%@ page language="java" import="java.util.*" pageEncoding="gb2312"
    isErrorPage="true"%>
<%
    String path = request.getContextPath();
    String basePath = request.getScheme() + "://"
            + request.getServerName() + ":" + request.getServerPort()
            + path + "/";
%>
<!DOCTYPE HTML PUBLIC "-//W3C//DTD HTML 4.01 Transitional//EN">
<html>
<head>
<title> 显示所有用户信息列表 </title>
</head>
<body>
```

```
    <a href="./userinfoaction?action=xt"> 显示所有用户 </a>
</body>
</html>
```

当点击"显示所有用户"按钮以后,可以看到页面就会转入"href="./userinfoaction?action=xt""
该 URL,那么这个 URL 是什么呢? 这是一个 Servlet,关于 Servlet 的详细内容将在后面讲解。为
了能够使用该 Servlet,我们要在 web.xml 中进行配置。示例代码 2-2 是 web.xml 中的内容。

➤ web.xml 代码

```
示例代码 2-2    配置请求控制中心
<?xml version="1.0" encoding="UTF-8"?>
<web-app version="3.0" xmlns="http://java.sun.com/xml/ns/javaee"
    xmlns:xsi="http://www.w3.org/2001/XMLSchema-instance"
    xsi:schemaLocation="http://java.sun.com/xml/ns/javaee
    http://java.sun.com/xml/ns/javaee/web-app_3_0.xsd">
    <servlet>
        <description>Core02</description>
        <display-name>Core02</display-name>
        <servlet-name>userinfoaction</servlet-name>
        <servlet-class>com.xt.servlet.UserinfoAction</servlet-class>
    </servlet>
    <servlet-mapping>
        <servlet-name>userinfoaction</servlet-name>
        <url-pattern>/userinfoaction</url-pattern>
    </servlet-mapping>
</web-app>
```

接下来,我们再来看看 Servlet 文件怎么处理用户的请求,在这里,用户的请求是想显示客
户信息。该 Servlet 的类名为 UserinfoAction。文件具体内容如示例代码 2-3 所示。

➢ UserinfoAction 代码

```java
package com.xt.servlet;
import java.io.IOException;
import java.util.ArrayList;
import javax.servlet.RequestDispatcher;
import javax.servlet.ServletException;
import javax.servlet.http.HttpServlet;
import javax.servlet.http.HttpServletRequest;
import javax.servlet.http.HttpServletResponse;
import com.xt.bll.UserBll;
import com.xt.dao.UserDao;
public class UserinfoAction extends HttpServlet {
    public void destroy() {
        super.destroy(); // Just puts "destroy" string in log
        // Put your code here
    }
    private UserBll userbiz = null;
    private UserDao userdao = null;
    public void doGet(HttpServletRequest request, HttpServletResponse response)
            throws ServletException, IOException {
        request.setCharacterEncoding("utf-8");
        String action = request.getParameter("action");
        String jsp = "/admin/userinfo.jsp";
        if ((action == null) || (action.length() < 1)) {
            action = "default";
        } else if ("default".equals(action)) {
            jsp = "/admin/userinfo.jsp";
        } else if ("xt".equals(action)) {
            ArrayList list = (ArrayList) userbiz.userExists();
            request.setAttribute("userinfo", list); // 将 值用 setAttribute
            jsp = "/admin/userinfodisplaylist.jsp";//
            System.out.println(action + "action");
            System.out.println(list + "list");
        }
        RequestDispatcher re = this.getServletContext().getRequestDispatcher(
            jsp);
```

```
            re.forward(request, response);
        }
    public void doPost(HttpServletRequest request, HttpServletResponse response)
            throws ServletException, IOException {
        this.doGet(request, response);
    }
    public void init() throws ServletException {
        // Put your code here
        userdao = new UserDao();
        userbiz = new UserBll();
        userbiz.setUserdao(userdao);

    }

}
```

在上面的代码中，我们主要是处理用户的请求。由于用户的请求是想显示客户的信息，那么 Servlet 就去调用在 MVC 模式中的 Model，来对数据进行处理。在这里用 UserBll 类来对数据进行处理，其示例代码 2-4 如下所示。

➢ UserBll 代码

示例代码 2-4　　业务逻辑层对数据处理

```
package com.xt.bll;
import java.util.List;
import com.xt.dao.UserDao;
import com.xt.entity.UserInfo;
public class UserBll {
    private UserDao userdao = null;
    public UserDao getUserdao() {
        return userdao;
    }
    public void setUserdao(UserDao userdao) {
        this.userdao = userdao;
    }
    /*
     * 查询所有用户
     */
    public List userExists() {
        String sql = "select * from userinfo ";
```

```
                List list = userdao.query(sql);
                return list;
        }
/*

    * 执行登录请求操作
    */
    public boolean checkLogin(String username, String password) {
            String sql = "select * from userinfo " + "where username ='" + username
                        + "' and password ='" + password + "'";
            List<UserInfo> list = userdao.query(sql);
            return list.size() > 0 ? true : false;

        }


}
```

在这里，我们主要是从数据库中读取数据，把这些数据存放在 ArrayList 对象中，然后返回给 Servlet 对象。在这里还用到了一个 UserInfo 类，该对象就是用来存放数据的，其示例代码 2-5 如下所示。

➢ UserInfo 代码

示例代码 2-5　客户信息实体类

```
package com.xt.entity;
public class UserInfo {
        private String username = null;
        private String password = null;
        private String email = null;
        public String getUsername() {
                return username;
        }
        public void setUsername(String username) {
                this.username = username;
        }
        public String getPassword() {
                return password;
        }
        public void setPassword(String password) {
                this.password = password;
        }
```

```
        public String getEmail() {
            return email;
        }
        public void setEmail(String email) {
            this.email = email;
        }
    }
```

当 UserBll 处理好数据后,把 List 对象返回给 Servlet, Servlet 拿到了该数据后,把它保存在 Request 中,代码如下:

```
    ArrayList list = (ArrayList) userbiz.userExists();
    request.setAttribute("userinfo", list); //
```

然后进行转发,代码如下:

```
    jsp = "/admin/userinfodisplaylist.jsp";//
    RequestDispatcher re = this.getServletContext().getRequestDispatcher(jsp);
        re.forward(request, response);
```

接下来,就是把信息显示给客户看,其文件为 UserInfoDisplayList.jsp。示例代码 2-6 如下所示。

➢ UserInfoDisplayList.jsp 代码

示例代码 2-6　客户信息列表

```
<%@page import="sun.rmi.runtime.Log"%>
<%@ page language="java" import="java.util.*" pageEncoding="gb2312"%>
<%@page import="com.xt.entity.UserInfo"%>

<!DOCTYPE HTML PUBLIC "-//W3C//DTD HTML 4.01 Transitional//EN">
<html>
<head>
<title> 显示客户列表 </title>
<meta http-equiv="pragma" content="no-cache">
<meta http-equiv="cache-control" content="no-cache">
<meta http-equiv="expires" content="0">
<meta http-equiv="keywords" content="keyword1,keyword2,keyword3">
<meta http-equiv="description" content="This is my page">
</head>
<body>
```

```jsp
<table border="1" cellspacing="3" cellpadding="3" width="784"
    height="138">
    <tr>
        <td> 用户名 </td>
        <td> 密码 </td>
        <td> 邮箱 </td>
    </tr>
        <%
        ArrayList list = (ArrayList) request.getAttribute("userinfo");
        Iterator it = list.iterator();
        while (it.hasNext()) {
            HashMap map = (HashMap) it.next();
    %>
    <tr>
        <td><%=map.get("username")%></td>
        <td><%=map.get("password")%></td>
        <td><%=map.get("email")%></td>
    </tr>
    <%
        }
    %>
    </table>
</body>
</html>
```

运行结果如图 2-6 所示。

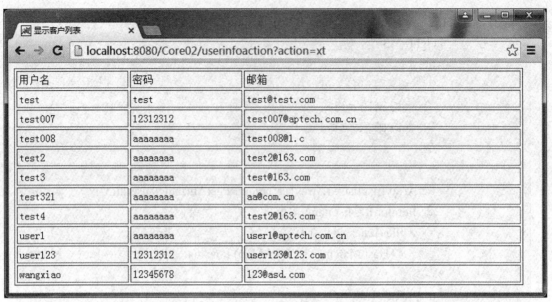

图 2-6　运行结果

2.4　小结

- ✓ MVC 架构把系统分为 3 个模块,模型(Model)、视图(View)和控制器(Controller)。
- ✓ 模型(Model)对象代表了商业规则和商业数据。
- ✓ 界面(View)代表系统的显示。
- ✓ Controller 对象协调 Model 与 View,把用户请求翻译成系统识别的事件。

2.5　英语角

Controller	控制器
Model	模型
View	视图

2.6　作业

1. 请说出 MVC 架构的优点。

2. 请说出 MVC 架构中各个部分的作用,以及如何实现的。

3. 请说出 MVC 架构的运行过程。

4. 按照本章示例,编写一个简单的 MVC 架构实现其用户浏览。

2.7　思考题

Model 1 和 Model 2 的区别和各自的特点是什么?

2.8　学员回顾内容

MVC 架构的概念。

第 3 章　JavaBean

学习目标

✦ 了解 JavaBean 在 MVC 模式中的作用。

✦ 掌握 JavaBean 编写规范。

✦ 掌握 DAO 的概念。

课前准备

复习 Java 中类的设计与编写。

本章简介

一般在系统开发的时候,在需求分析做好了以后,先要从底层做起。那么在一个系统中,底层的开发首先就是和数据库相关的一部分开发,放在 MVC 架构中,也就是 Model 部分的开发。

所以,在讲解 MVC 模式的时候,先来讲解 Model。在 Model 的实现中,我们大多数使用了 JavaBean。当然,如果系统比较复杂而且够大的话,还需要使用 EJB 技术,但 EJB 技术不是本章的重点。

3.1　JavaBean 介绍

上一章我们给出了一个 MVC 的示例。我们再来看看这个示例中的 Model 模块的两个类。可以发现当定义好 UserInfo 类以后,不光在用户管理这个功能中使用到这个类,还可以在其他地方使用到这个类,比如,订单、用户登录等等。

那么可以看出 JavaBean 是一种可重复使用的软件组件。可以知道 JavaBean 是一种用 Java 编程语言编写的特殊结构的类。所有 JavaBean 的编写要遵循 Sun 的 JavaBean 编写规范。

JavaBean 可分为两种:一种是有用户界面(UI)的 JavaBean,比如 Swing 中的一些组件就是一个很好的例子。还有一种就是没有用户界面,主要负责处理事务(如数据运算、操作数据库)的 JavaBean。在 Web 中我们将会大量使用后一种 JavaBean。

一个标准的 JavaBean 有以下几种特征:

➢ JavaBean 是一个公共的（public）类。

➢ JavaBean 必须有一个默认构造函数（无参数构造函数）。

➢ JavaBean 可以有多个属性，但是这些属性要通过 setXxx 方法来设置属性，通过 getXxx 来获取属性。

➢ JavaBean 可以有多个可供调用的方法。

3.1.1　JavaBean 的属性

在 MVC 模式中，JavaBean 主要是实现 Model 部分的功能，也就是实现数据处理和业务逻辑处理。

在介绍 MVC 架构的时候，我们已经使用了 UserInfo 这个类，实际上该类就是一个非常简单的 JavaBean，这个 JavaBean 只包含了属性，如图 3-1 所示。

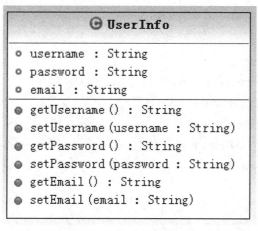

图 3-1　UserInfo 类属性

JavaBean 的属性可以设置为读写、只读或只写。

类属性的读写性可以通过 JavaBean 实现类中的两个方法来实现：

public type getPropertyName()

public void setPropertyName(Type newValue)

例如，UserInfo 的 username 属性我们想设置为可读写，那么就可以采用以下两个方法来访问 username 数据成员变量来实现，示例如代码 3-1 所示。

```
示例代码 3-1    实现 username 属性的读写

package com.xt.beans;
import java.util.*;
public class UserInfo implements java.io.Serializable {
    // filed
    private String username;
    public String getUsername() {
        return username;
```

```
        }
    public void setUsername(String username) {
        this. username = username;
    }
}
```

通过 get 和 set 方法可以方便地为 JavaBean 设置属性的可访问性，在这里需要注意的是，boolean 类型的属性设置不是通过 get、set 来获得，而是通过 is、set 来设置的。

在上一章示例中，我们为 UserInfo 已经设置了属性的可访问性，这里，再来看看其具体的代码，如示例代码 3-2 所示。

➢ UserInfo 代码

示例代码 3-2　UserInfo 类属性的设置

```
package com.xt.entity;
public class UserInfo {
    private String username = null;
    private String password = null;
    private String email = null;
    public String getUsername() {
        return username;
    }
    public void setUsername(String username) {
        this.username = username;
    }
    public String getPassword() {
        return password;
    }
    public void setPassword(String password) {
        this.password = password;
    }
    public String getEmail() {
        return email;
    }
    public void setEmail(String email) {
        this.email = email;
    }
}
```

3.1.2 JavaBean 方法

JavaBean 提供的方法就是 Java 类中的一个公共方法。例如在上一章的示例中，我们有一个 UserBll 类用来管理 UserInfo 类。

我们先来看看一个完整的 UserBll 类，如示例代码 3-3 所示。

```
示例代码 3-3    完整的 UserBll 类
package com.xt.bll;
import java.util.List;
import com.xt.dao.UserDao;
import com.xt.entity.UserInfo;
public class UserBll {
    private UserDao userdao = null;
    public UserDao getUserdao() {
        return userdao;
    }
    public void setUserdao(UserDao userdao) {
        this.userdao = userdao;
    }
    /*
     * 查询所有用户
     */
    public List userExists() {
        String sql = "select * from userinfo ";
        List list = userdao.query(sql);
        return list;
    }
    /*
     * 执行登录请求操作
     */
    public boolean checkLogin(String username, String password) {
        String sql = "select * from userinfo " + "where username ='" + username
                + "' and password ='" + password + "'";
        List<UserInfo> list = userdao.query(sql);
        return list.size() > 0 ? true : false;
    }
}
```

userExTsts() 方法是得到所有在数据库中存在的用户，其返回类型为 List 集合，此方法从数据访问层查询到所有用户信息,此类负责接受并处理从数据访问层返回的信息,并将处理后的数据返回到 Servlet。

3.2　DAO 模式

我们知道 UserInfo 类和数据库中的 USERINFO 表是对应的,而且所有的字段和数据类型都是相似或者相同,这样,当我们需要从数据库中提取数据的时候,先根据一条数据创建一个相对应的对象,这条数据的每个列的值赋值给该对象的各个相应的属性。当我们要修改这条数据的时候,只要直接修改该对象的属性,然后把该对象交给专门处理对象和数据库之间进行数据交换的类处理就可以了。我们把这种模式称作为 DAO 模式。

DAO 是 Data Access Object(数据访问接口)的英文缩写。数据访问,顾名思义就是与数据库打交道,夹在业务逻辑与数据库资源中间。

在上面 UserInfoBll 的代码中,我们发现里面的方法都要使用 JDBC 的技术去连接数据库。我们可以创建一个类,来实现对数据库的连接和一些其他最基本的操作。在这个项目中,创建了一个 BaseDao 的类,来实现与数据库的基本交互,其代码如示例 3-4 所示。

```
示例代码 3-4　　负责与数据库连接的 BaseDao 的类
package com.xt.dao;
import java.sql.Connection;
import java.sql.DriverManager;
import java.sql.PreparedStatement;
import java.sql.ResultSet;
import java.sql.SQLException;
import java.util.ArrayList;
import java.util.HashMap;
import java.util.List;
import java.util.Map;
import com.xt.entity.UserInfo;
public class BaseDao {
    protected Connection conn = null;
    protected PreparedStatement ps = null;
    protected ResultSet rs = null;
    /*
     * 打开数据库链接
     */
    protected void openconnection() {
```

```
        String driver = "com.microsoft.sqlserver.jdbc.SQLServerDriver";
        String url = "jdbc:sqlserver://localhost:1433;DatabaseName=BookShop";
        String username = "sa";
        String password = "000000";
        try {
            Class.forName(driver);
            conn = DriverManager.getConnection(url, username, password);
        } catch (ClassNotFoundException e) {
            e.printStackTrace();
        } catch (SQLException e) {
            e.printStackTrace();
        }
    }
    /*
     * 执行查询功能
     */
    protected List query(String sql, String[] columns) {

        List list = new ArrayList();
        Map map = null;
        openconnection();
        try {
            ps = conn.prepareStatement(sql);
            rs = ps.executeQuery();
            while (rs.next()) {
                map = new HashMap();
                for (int i = 0; i < columns.length; i++) {
                    map.put(columns[i], rs.getObject(columns[i]));
                }
                list.add(map);
            }
        } catch (SQLException e) {
            if (e.getMessage().equals(" 列名无效 "))
                System.out.println("++++++++++++++ 当前要查找的列不存
在！ ++++++++++++++");
```

```
            else
                e.printStackTrace();
        } finally {
            closeResource();
        }
        return list;
    }
    /*
     * 释放资源
     */
    protected boolean closeResource() {
        try {
                if (rs != null)
                    rs.close();
                if (ps != null)
                    ps.close();
                if (conn != null)
                    conn.close();
        } catch (SQLException e) {
                e.printStackTrace();
                return false;
        }
        return true;
    }
}
```

　　把一些数据的基本连接等操作进行了有效的封装后，在以后的使用中只要在数据访问层中创建 Class 并继承于 BaseDao 并调用 BaseDao 中的一些方法就可以和数据库进行相应的操作。而当我们需要把该 Web 应用程序从 SQL Server 2008R2 数据库迁移到 Oracle 的时候，只需要修改 BaseDao 类就可以了。

　　那么，有了 BaseDao 类以后，我们创建的 UserDao 类也可以写为如示例代码 3-5 所示的代码。

> 示例代码 3-5　UserDao 类
>
> ```
> package com.xt.dao;
> import java.util.ArrayList;
> import java.util.List;
> public class UserDao extends BaseDao {
>     public List query(String sql) {
>         String[] columns = { "username", "password", "email" };
>         return query(sql, columns);
>     }
> }
> ```

此类继承于 BaseDao，当用正确的 SQL 语句和要查询的关键字时，如上述代码中的参数 sql 和 columns 数组，将这两个参数直接调用父类的 query() 方法，就可操纵数据。

有了 BaseDao 类和 UserDao 类，以后只要操作 UserDao 类的方法就可以得到想要的数据，并可以在 UserInfoBll 中处理数据，而不用考虑具体是如何实现的。

3.3　小结

✓　JavaBean 可分为两种：一种是有用户界面（UI）的 JavaBean，还有一种就是没有用户界面，主要负责处理事务（如数据运算、操作数据库）的 JavaBean。

✓　一个标准的 JavaBean 有以下几个特征：JavaBean 是一个公共的（public）类；JavaBean 必须有一个默认构造函数（无参数构造函数）；JavaBean 可以有多个属性，但是这些属性要通过 setXxx 方法来设置属性，通过 getXxx 来获取属性；JavaBean 可以有多个可供调用的方法。

✓　JavaBean 是 Data Access Object 数据访问接口，是与数据库打交道。在业务逻辑与数据库资源中间。

3.4　英语角

property　　　　　　属性
DAO　　　　　　　数据访问对象
EJB　　　　　　　企业级 JavaBean

3.5　作业

1. 请编写代码实现 UserInfoBll 中的 updateUserInfo(UserInfo UserInfo) 方法来实现数据的更新。新的数据在 UserInfo 参数中。

2. 请编写代码实现 UserInfoBll 中的 deleteUserInfo(UserInfo UserInfo) 方法来实现数据的删除。要删除的数据为 UserInfo 对象。

3. 请设计一个符合 DAO 模式设计理念的访问数据库的 Java 类,并说出其优点,注意异常处理的合理性。

3.6　思考题

如果数据库中有两张表,它们是一对多的关系,那么在设计 JavaBean 的时候,如何设计这两个类,以及这两个类之间的关系。

3.7　学员回顾内容

请说出 Model 在整个 MVC 架构中的作用和地位,以及其功能上与其他两个有什么分工。

第 4 章　Servlet

学习目标

◇ 掌握 Servlet 的概念。

◇ 掌握 Servlet 在 MVC 中的作用。

◇ 掌握 Servlet 的 doPost 方法和 doGet 方法。

课前准备

查看一些有关 Servlet 的资料，对 Servlet 进行初步的了解。

本章简介

在本章中，我们将讲解 MVC 架构中的控制器——Servlet 技术。

4.1　Servlet 介绍

Java Servlet 是与平台无关的服务器端组件，它可以运行在 Servlet 容器中。Servlet 容器负责 Servlet 和客户的通信以及调用 Servlet 方法，Servlet 和客户的通信采用"请求 / 响应"的模式。

在前面的示例中，我们可以发现 Servlet 提供了一个特定的基于 Java 的高效组件化方法来完成服务器端操作。

实际上 JSP 与 Servlet 有着千丝万缕的关联，因为每一个 JSP 页面就是一个 Servlet。JSP 在被执行的时候，Tomcat 等服务器先要把 JSP 页面翻译成 Java 源代码，而这个源代码就是一个 Servlet。也就是说，Servlet 可以完成 JSP 的所有功能，其功能如下：

➤ 创建并返回基于客户请求的动态 HTML 页面。

➤ 创建可嵌入到现有的 HTML 页面中的部分 HTML 页面（HTML 片段）。

➤ 与其他服务器资源（如数据库、JavaBean 等）进行通信。

➤ 接收多个客户机的输入，并将结果广播到多个客户机上，例如，Servlet 可以实现支持多个参与者的游戏服务器。

➤ 根据客户请求采用特定 MIME（Multipurpose Internet Mail Extensions）类型对数据过滤，例如进行图像格式的转换。

Servlet 在 MVC 中的作用就比较简单了,就是接收客户的请求,然后根据请求调用 JavaBean 处理请求,然后把处理结果转发给 JSP 页面,让 JSP 页面把处理结果返回给客户。我们可以看到控制器的工作如下:

➢ 读取请求。

➢ 协调到模型的访问。

➢ 存储用于视图的模型信息。

➢ 将控制转给视图。

比如我们在前面介绍的显示客户信息功能中的 Servlet,就是用于接收客户请求,然后调用 JavaBean 得到希望得到的数据,转发给 JSP 页面,把客户信息返回给客户端。让我们再来看看该 Servlet,其代码如 4-1 所示。

```
示例代码 4-1　　Servlet 代码

package com.xt.servlet;
import java.io.IOException;
import java.util.ArrayList;
import javax.servlet.RequestDispatcher;
import javax.servlet.ServletException;
import javax.servlet.http.HttpServlet;
import javax.servlet.http.HttpServletRequest;
import javax.servlet.http.HttpServletResponse;
import com.xt.bll.UserBll;
import com.xt.dao.UserDao;
public class UserinfoAction extends HttpServlet {
    public void destroy() {
        super.destroy(); // Just puts "destroy" string in log
        // Put your code here
    }
    private UserBll userbiz = null;
    private UserDao userdao = null;
    public void doGet(HttpServletRequest request, HttpServletResponse response)
            throws ServletException, IOException {
        request.setCharacterEncoding("utf-8");
        String action = request.getParameter("action");
        String jsp = "/admin/userinfo.jsp";
        if ((action == null) || (action.length() < 1)) {
            action = "default";
        } else if ("default".equals(action)) {
            jsp = "/admin/userinfo.jsp";
        } else if ("xt".equals(action)) {
```

```
                ArrayList list = (ArrayList) userbiz.userExists();
                request.setAttribute("userinfo", list); // 将 值用 setAttribute
                jsp = "/admin/userinfodisplaylist.jsp";//
                System.out.println(action + "action");
                System.out.println(list + "list");
            }
            RequestDispatcher re = this.getServletContext().getRequestDispatcher(
                    jsp);
            re.forward(request, response);
        }
        public void doPost(HttpServletRequest request, HttpServletResponse response)
                throws ServletException, IOException {
            this.doGet(request, response);
        }
        public void init() throws ServletException {
            // Put your code here
            userdao = new UserDao();
            userbiz = new UserBll();
            userbiz.setUserdao(userdao);
        }
    }
```

在上面的示例中，我们首先声明一个 Servlet 类，该类继承自 HttpServlet，存放在 javax. servlet.http 包下。声明代码如下：

```
public class UserinfoAction extends HttpServlet
```

在该类中，有如下几个方法：

➢ init 方法：负责初始化 Servlet 对象。

➢ destroy 方法：当 Servlet 对象退出生命周期时，负责释放占用的资源。

➢ doGct 方法：处理通过 HTTP GET 动作发送的数据请求。

➢ doPost 方法：处理通过 HTTP POST 动作发送的数据请求。

我们可以发现，在示例代码 4-1 的 destroy方法中，没有编写代码，当然，如果需要的时候，我们可以在这个方法中编写代码。doGet 方法调用了 doPost 方法，然后在 doPost 方法中对客户的请求进行处理，doGet 方法和 doPost 方法都有两个参数分别是 HttpServletRequest 对象和 HttpServletResponse 对象，这两个对象包含了客户的请求信息和返回客户的信息。

在初始化 Servlet 我们分别创建 UserDao 和 UserBll 的对象并调用 userbiz 中的 setUserdao，这里就是为控制器设置数据访问层的目标实例对象。如下代码所示，是将已经实例化的 UserDao 给 UserBll，在 UserBll 中操纵这个对象。

```
public void init() throws ServletException {
    // Put your code here
    userdao = new UserDao();
    userbiz = new UserBll();
    userbiz.setUserdao( userdao);
}
```

在 doGet 方法中,我们先根据客户的请求信息来判断应该如何操作,如示例代码 4-2 所示。

示例代码 4-2　根据客户的请求信息来判断应该如何操作

```
request.setCharacterEncoding("utf-8");
String action = request.getParameter("action");
String jsp = "/admin/userinfo.jsp";
if ((action == null) || (action.length() < 1)) {
    action = "default";
} else if ("default".equals(action)) {
    jsp = "/admin/userinfo.jsp";
} else if ("xt".equals(action)) {
    ArrayList list = (ArrayList) userbiz.userExists();
    request.setAttribute("userinfo", list); // 将 值用 setAttribute
                                            // 存到建 userinfo
    jsp = "/admin/userinfodisplaylist.jsp";
    System.out.println(action + "action");
}
RequestDispatcher re = this.getServletContext().getRequestDispatcher(
        jsp);
    re.forward(request, response);
```

在第一步(读取请求)工作中, Servlet API 为我们提供了一个 HttpServletRequest 对象。Servlet 容器基于来自 Web 服务器的数据创建这个对象。该对象的主要功能之一就是读取请求参数。为了读取请求参数,我们使用 getParameter() 方法。代码如下:

```
String action = request.getParameter("action ");
```

第二步是协调到模型的访问 , 如果客户端提交的信息中 action 的值为“xt”的时候,该 Servlet 就去调用 JavaBean,在这里就是 UserinfoManager 下的静态方法 getUserinfos。该方法返回了一个 ArrayList 对象。该对象是一个 Userinfo 集合,每一个 Userinfo 对象中都包含了客户的信息。代码如下 :

```
ArrayList list = (ArrayList) userbiz.userExists();
```

第三步是存储用户视图的模型信息。为了做到这一点，我们需要在控制器 Servlet 和 JSP 页面视图之间进行数据通信，在这个示例中我们把模型存储在请求域中，以便它可以被视图操作。因此我们使用了 HttpServletRequest 对象的 setAttribute() 方法。代码如下：

```
request.setAttribute("userinfos", list);
```

第四步就是将控制转给视图。一旦将控制转给视图，控制器就完成了它的工作。我们使用 Servlet 的 RequestDispatcher 对象来转移控制权。该对象可以用于在服务器内转发请求。通过使用 RequestDispatcher，我们可以把请求发送给其他 Controller 或者 View。下面就是一个简单的请求转发。

```
RequestDispatcher re = this.getServletContext().getRequestDispatcher(jsp);
re.forward(request, response);
```

我们在知道 Servlet 作为控制器的作用后，下面我们将详细介绍 Servlet。

4.2　Servlet 分析

在上面 Servlet 中我们可以发现要编写一个 Servlet 必须要继承一个 HttpServlet，实际上在 Servlet 规范中，一个 Java 类之所以可以作为一个 Servlet，有一个突出的特点，那就是所有的 Servlet 必须实现 javax.servlet.Servlet 接口。

下面我们来看看 javax.servlet.Servlet 接口有哪些接口方法（表 4-1）。

表 4-1　Servlet 接口方法介绍

方法	描述
init	初始化 Servlet
destroy	Servlet 结束时调用
getServletInfo	得到有关 Servlet 的信息
getServletConfig	得到与 Servlet 实例相关联的 javax.servlet.ServletConfig 对象
service	容器调用这个方法向 Servlet 传递一个请求来进行处理。Servlet 必须处理这个请求，并提供响应

当然，如果我们直接实现 javax.servlet.Servlet 接口，编写起代码来就较复杂，在 J2EE 框架中还提供了一个实现了 javax.servlet.Servlet 接口的抽象类——GenericServlet。

由于 GenericServlet 实现了 java.servlet.Servlet 接口，所以，我们也可以通过继承 GenericServlet 来实现一个 Servlet，如果决定继承 GenericServlet 类，那么，必须实现 Service() 方法。在 GenericServlet 类中 Service 方法已经被定义成抽象方法。

在实际开发中，还可以扩展另外一个类——HttpServlet。该类扩展了 GenericServlet 类，与

Generic Servlet 类不同,在我们扩展 HttpServlet 时,可以不用实现 service() 方法,因为在 HttpServlet 中已经为用户实现了。

由于 javax.servlet.http.HttpServlet 抽象类为需要的所有方法都提供了实现,所以,我们扩展 HttpServlet 类的时候,只要覆盖需要修改的方法, HttpServlet 可以简化基于 HTTP 协议的 Servlet 的编码。由于大部分 Web 应用程序都使用了处理 HTTP 协议请求的 Servlet,所以,一般我们都会使用 HttpServlet 类来作为 Servlet 的基类。

图 4-1 是 Servlet 接口、GenericServlet、HttpServlet 之间的关系图。

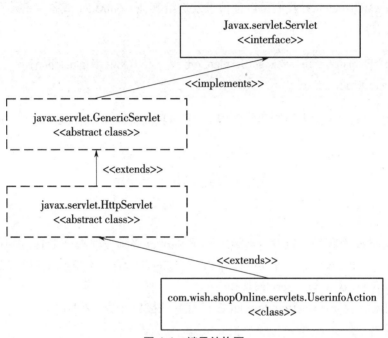

图 4-1　继承结构图

在 HttpServlet 的 service() 方法中,首先从 HttpServletRequest 对象中获取 HTTP 请求方式的信息,然后根据请求方式调用相应的方法。例如,如果请求方式为 GET,那么调用 doGet 方法;如果请求方式为 POST,那么调用 doPost 方法。这样,我们编码的重点可以放在 Servlet 的核心功能上。

作为 javax.servlet.http.HttpServlet 抽象类的一个子类,我们可以根据需求覆盖其一些方法,可以覆盖的方法如表 4-2 所示。

对于表 4-2 中出现的任何方法 ,我们都可以进行覆盖,比如,如果要处理 POST 请求,那么只要覆盖 doPost 方法就可以,对于 GET 请求的处理,只要覆盖 doGet 方法就可以。

我们再来看看上面 UserinfoAction 类中的方法,覆盖了 init 方法、destroy 方法、doGet 方法和 doPost 方法。

对于 init 方法和 destroy 方法,我们没有写自己的具体实现,所以无须覆盖。不过,这里还是显示覆盖了这两个方法,目的只是为了说明存在着这样一些非常重要的方法。

对于 doGet 和 doPost 方法,我们处理了客户的请求。客户的一般请求都是 get 或者 post,但是如何去区分这两个请求呢?

表 4-2 Servlet 覆盖的方法介绍

方法名	说明
doGet	处理通过 HTTP GET 动作发送过来的请求
doPost	处理通过 HTTP POST 动作发送过来的请求
doPut	处理通过 HTTP Put 动作发送过来的请求（很少使用）
doDelete	处理通过 HTTP DELETE 动作发送过来删除服务器内容的请求
init	和 javax.servlet.Servlet 接口 init 一致
destroy	和 javax.servlet.Servlet 接口 destroy 一致
getServletInfo	和 javax.servlet.Servlet 接口 getServletInfo 一致

get 方法是通过 URL 请求来传递用户的数据，get 方法会把表单内各字段名称与其内容，以若干对"变量名＝值"的形式连接，每个"变量名＝值"对之间用 & 分隔。

如"http://localhost:8080/Core02/userinfoaction?action=xt"，参数会直接显示在 url 尾部。而 post 方法通过 Http post 机制，将表单中各字段名称与内容放置在 html 内传递给服务器，其传递路径由 form 标签的 action 属性所指定。

4.3　Servlet 的生命周期

如果容器为到来的每一个请求创建一个 Servlet 实例，那么效率会非常低。因为，如今的服务器每秒都可以处理成千上万的请求。创建一个 Java 类的实例要花费很多时间，而且会占用服务器上的大量内存。如果采用这种方法来实例化 Servlet，就会很快耗尽服务器内存的处理资源。

所以，为了提高效率，容器是以如下方式管理 Servlet 的。当接收到第一个该 Servlet 的请求时，容器会创建一个 Servlet 实例。创建了该实例后，容器会对该 Servlet 对象进行初始化，对于创建的每个 Servlet 实例。初始化工作应当只完成一次，并且要通过调用该 Servlet 的 init 方法来完成，然后再把第一个请求传递给这个 Servlet 进行处理。

服务器一旦初始化了一个 Servlet，这个 Servlet 就处于准备状态。在这个状态中。可以在任何时刻调用此 Servlet 来处理到来的请求。容器可以在这个阶段对该 Servlet 调用多次 Service() 方法，也就是该 Servlet 对象可以处理多个请求。

当 Web 应用程序被终止时，或者 Servlet 容器终止运行，或 Servlet 容器重新装载 Servlet 的新实例，Servlet 容器就会先调用 Servlet 对象的 destroy 方法，该方法来释放 Servlet 所占用的资源。然后，该 Servlet 对象被回收。

我们把这个整个阶段称为 Servlet 的生命周期。Servlet 的生命周期可以分为 3 个阶段：初始化阶段、响应客户请求阶段和终止阶段。在这三个阶段中分别会调用 javax.servlet.Servlet 接口中定义的三个方法：init、service 和 destroy。需要注意的是，在 Servlet 整个生命周期中，init 方法只会调用一次。图 4-2 是其生命周期示意图。

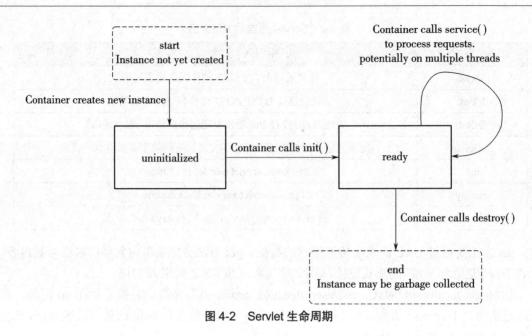

图 4-2　Servlet 生命周期

4.4　Servlet 在 web.xml 中的描述

在 Web 应用程序中,有一个称为部署文件的配置文件——web.xml,该文件位于 WEB-INF 目录下,如图 4-3 所示。

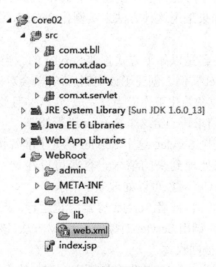

图 4-3　文件目录详细图

web.xml 文件的内容由 J2EE 规范描述。每个 Web 应用都需要有这个文件。该文件主要用途就是向容器描述如何部署这个 Web 应用程序。

因为这个 web.xml 文件的格式遵循 J2EE 规范,所以它实际上独立于所有的容器。这说明，同一个 web.xml 文件可以在不同开发商提供的不同容器上使用。

我们先来看 BookShop 的 web.xml 文件（见示例代码 4-3），该文件只列出了与 Userinfo-Action 相关的配置。

```
示例代码 4-3    web.xml 配置文件
<?xml version="1.0" encoding="UTF-8"?>
<web-app version="3.0" xmlns="http://java.sun.com/xml/ns/javaee"
        xmlns:xsi="http://www.w3.org/2001/XMLSchema-instance"
        xsi:schemaLocation="http://java.sun.com/xml/ns/javaee
        http://java.sun.com/xml/ns/javaee/web-app_3_0.xsd">
        <servlet>
            <description>Core02</description>
            <display-name>Core02</display-name>
            <servlet-name>userinfoaction</servlet-name>
            <servlet-class>com.xt.servlet.UserinfoAction</servlet-class>
        </servlet>
        <servlet-mapping>
            <servlet-name>userinfoaction</servlet-name>
            <url-pattern>/userinfoaction</url-pattern>
        </servlet-mapping>
</web-app>
```

本例为章节项目，原项目应将 Core02 替换为 BookShop。

可以看到，部署描述文件是一个 XML 文档。其根元素必须是 <web-app>。

<descripion> 和 <display-name> 元素为工具和服务器提供了有关 Servlet 的信息。这两个元素是可选的。

```
<display-name>Core02</display-name>
<description>Core02</description>
```

➢ Servlet 声明

为了能够让容器知道 Servlet 的存在，必须要创建一个 <servlet> 声明条目。它会把一个名称映射到相关的 Servlet 类上，如 UserinfoAction 的声明如下：

```
<servlet>
        <description>Core02</description>
        <display-name>Core02</display-name>
        <servlet-name>userinfoaction</servlet-name>
        <servlet-class>com.xt.servlet.UserinfoAction</servlet-class>
</servlet>
```

有了 userinfoAction 这个名字以后，使用起来就方便多了。接着我们就需要进行映射。web.xml 文件中最后一个元素是 <servlet-mapping>。该元素告诉服务器如何把请求发送给这个 Servlet。

```
<servlet-mapping>
    <servlet-name>userinfoaction</servlet-name>
    <url-pattern>/userinfoaction</url-pattern>
</servlet-mapping>
```

在此，使用了先前声明的 Servlet 名。通过 <url-pattern> 元素将这个 Servlet 名映射至到来的请求。这里的"/userinfoaction"就告诉容器要把对于"/userinfoaction"的请求发送给 com. xt.servlet.UserinfoAction 来处理。

如我们在 userinfo.jsp 页面中就有这样一个 URL 请求，如示例代码 4-4 所示。

➢ userinfo.jsp 代码

```
示例代码 4-4    在 userInfo.jsp 页面里设置一个 URL 请求
<%@ page language="java" import="java.util.*" pageEncoding="gb2312"
    isErrorPage="true"%>
<%
    String path = request.getContextPath();
    String basePath = request.getScheme() + "://"
            + request.getServerName() + ":" + request.getServerPort()
            + path + "/";
%>
<!DOCTYPE HTML PUBLIC "-//W3C//DTD HTML 4.01 Transitional//EN">
<html>
<head>
<title> 显示所有用户信息列表 </title>
</head>
<body>
    <a href="./userinfoaction?action=xt"> 显示所有用户 </a>
</body>
</html>
```

在上面的代码中，有一个超链接：

```
<a href="./userinfoaction?action=xt" target="_self" > 显示所有用户 </a>
```

该超链接为"./userinfoaction"，容器会根据 web.xml 中的配置，而把这个请求交给相应的 Servlet 进行处理。

我们知道当容器接收到该请求后，会调用 HttpService 的 service() 方法，然后该方法根据客户的请求再调用 doGet 或者 doPost 以及其他方法，在该方法中我们可以发现该方法有两个参数：HttpServletRequest 和 HttpServletResponse，这两个类分别扩展了 ServletRequest 和 ServletResponse。

4.5　ServletRequest 和 ServletResponse

ServletRequest 接口中封装了客户请求信息，如客户请求方式、参数名和参数值、客户端正在使用的协议，以及客户请求的远程主机信息等。ServletRequest 接口还为 Servlet 提供了直接以二进制数读取客户请求的数据流 ServletInputStream。ServletRequest 的子类可以为 Servlet 提供特定协议相关的数据。例如，HttpServletRequest 提供了读取 HTTP Head 信息的方法。

ServletRequest 接口提供的获取客户请求信息的部分方法如表 4-3 所示。

表 4-3　ServletRequest 接口部分方法介绍

方法名	描述
getAttribute	根据参数给定的属性名返回属性值
getContentType	返回客户请求数据 MIME 类型
getInputStream	返回以二进制方式直接读取客户请求数据的输入流
getParameter	根据给定的参数名返回参数值
getRemoteAddr	返回远程客户主机的 IP 地址
getRemoteHost	返回远程客户主机名
getRemotePort	返回远程客户主机的端口
setAttribute	在 ServletRequest 中设置属性（包括属性名和属性值）

ServletResponse 接口为 Servlet 提供了响应结果的方法，它允许 Servlet 设置返回数据的长度和 MIME 类型，并且提供输出流 ServletOutputStream。ServletResponse 子类可以提供更多和特定协议相关的方法。例如，HttpServletResponse 提供设定 HTTP HEAD 信息的方法。

ServletResponse 接口提供的 Servlet 响应结果的部分方法如表 4-4 所示。

表 4-4　ServletResponse 接口部分方法介绍

方法名	描述
getOutputStream	返回可以向客户端送二进制数据的输出流对象 ServletOutpuStream
getWriter	返回可以向客户发送数据的 PrintWriter 对象
getCharacterEncoding	返回 Servlet 发送的响应数据的字符码
getContentType	返回 Servlet 发送的响应数据的 MIME 编码

方法名	描述
setCharacterEncoding	设置 Servlet 发送的响应数据的字符编码
setContentType	设置 Servlet 发送的响应数据 MIME 类型

在这里可以看到,当我们需要从客户请求中拿到一些信息,可以使用 HttpServletRequest 对象的 getParameter() 方法,如实例中的 doPost 方法。代码如下:

```
String action = request .getParameter("action");
```

通过该代码,我们就可以得到属性名为 action 的值,这个值包含在 URL 请求中,如下所示:

```
<a href="./userinfoaction?action=xt" target="_self" > 显示所有用户 </a>
```

4.6　小结

✓　Java Servlet 是与平台无关的服务器端组件,它运行在 Servlet 容器中。

✓　Servlet 在 MVC 中的作用是接收客户的请求,然后根据请求调用 JavaBean 处理请求,然后把处理结果转发给 JSP 页面。

✓　作为 Servlet 类必须实现 java.servlet.Servlet 接口。

✓　doGet 方法:处理通过 HTTP GET 动作发送数据的请求。

✓　doPost 方法:处理通过 HTTP POST 动作发送数据的请求。

✓　Servlet 的生命周期可分为 3 个阶段:初始化阶段、响应客户请求阶段和终止阶段。

✓　web.xml 文件主要用途就是向容器描述如何布置这个 Web 应用程序。

✓　ServletRequest 接口中封装了客户请求信息。

✓　SerletResponse 接口为 Servlet 提供了返回相应结果的方法。

4.7　英语角

MIME	多用途互联网邮件扩展
destroy	破坏
service	服务

4.8　作业

1.Servlet 生命周期有几个阶段，分别是什么？

2. 在 web.xml 文件中进行描述 Servlet 的作用，需要哪些元素？

3. 简述 ServletRequest 和 ServletResponse 的作用与区别。

4.9　思考题

1. HttpServlet 中 doPost 方法和 doGet 方法有什么区别？

2. HttpServlet 中 service() 方法的作用是什么？

4.10　学员回顾内容

Servlet 的 doPost 方法和 doGet 方法。

第5章 JSP 中使用 JavaBean

学习目标

◇ 了解如何使用 JSP 显示数据。
◇ 掌握 JSP 标签访问 JavaBean。
◇ 掌握 request、page、session 和 application 范围。

课前准备

复习 JSP 的基本知识以及标准动作。

本章简介

在我们得到客户的请求,并通过 JavaBean 处理了客户请求以后,我们就需要把请求结果返回给客户,在 MVC 模式下,我们使用 JSP 来实现 View 的功能,在这里我们重点是讲解如何呈现结果,而不是 JSP 的一些语法。

5.1 访问 JavaBean

在 JSP 网页中,可以通过程序代码来访问 JavaBean。我们先来看看显示结果给客户的 JSP 页面是如何实现的。如示例代码 5-1 所示。

示例代码 5-1　　在 UserInforDisplaylist.jsp 页面里显示查询结果

```jsp
<%@page import="sun.rmi.runtime.Log"%>
<%@ page language="java" import="java.util.*" pageEncoding="gb2312"%>
<%@page language="java" import="com.xt.entity.UserInfo"%>
<!DOCTYPE HTML PUBLIC "-//W3C//DTD HTML 4.01 Transitional//EN">
<html>
<head>
<title> 显示客户列表 </title>
<meta http-equiv="pragma" content="no-cache">
<meta http-equiv="cache-control" content="no-cache">
<meta http-equiv="expires" content="0">
<meta http-equiv="keywords" content="keyword1,keyword2,keyword3">
<meta http-equiv="description" content="This is my page">
</head>
<body>
    <jsp:useBean id="userinfo" class="java.util.ArrayList" scope="request"></jsp:use-
Bean>
    <table border="1" cellspacing="3" cellpadding="3" width="784"
    height="138">
        <tr>
            <td> 用户名 </td>
            <td> 密码 </td>
            <td> 邮箱 </td>
        </tr>
        <%
            Iterator it = userinfo.iterator();
            while (it.hasNext()) {
                HashMap map = (HashMap) it.next();
        %>
        <tr>
            <td><%=map.get("username")%></td>
            <td><%=map.get("password")%></td>
            <td><%=map.get("email")%></td>
        </tr>
        <%
            }
```

```
        %>
    </table>
</body>
</html>
```

如果我们要使用 JavaBean 时, 首先要通过 <%@page import=""%> 指令导入该类。代码如下:

```
<%@ page language="java" import="java.util.*" pageEncoding="gb2312"%>
```

在 Servlet 中, 我们把一个保存了用户信息的集合类存放在 servletRequest 对象中, Servlet 代码如下:

```
ArrayList list=(ArrayList)UserinfoManager.getUserinfos();
request.setAttribute("userinfo", list);
```

现在我们在 JSP 中从 servletRequest 对象中得到该对象, JSP 中代码如下:

```
<% ArrayList list = (ArrayList) request.getAttribute("userinfo");%>
```

当我们得到集合以后, 我们需要使用循环把 userinfo 信息取出, 我们在 page 指令中导入了该类, 代码如下:

```
<%@page import="com.xt.entity.UserInfo"%>
```

在得到了 userinfo 对象以后, 我们只要在 JSP 中把对象的值 get 出来, 部分代码如下:

```
<%
    ArrayList list = (ArrayList) request.getAttribute("userinfo");
    Iterator it = list.iterator();
    while (it.hasNext()) {
        UserInfo us = (UserInfo) it.next();
%>
    <tr>
    <td><%=us.getUsername()%></td>
    <td><%=us.getPassword()%></td>
    <td><%=us.getEmail()%></td>
    </tr>
<%}%>
```

上面的这些代码都是在一个 while 循环中, 每运行一次循环, 都会在 <table> 标记中运行一行 <tr>, 然后在 <td> 中输出 userinfo 的内容 <%=us. getUsername () %>。

5.2　JSP 标签访问 JavaBean

在上面 JSP 代码中,我们可以看到出现了大量的 Java 运算代码,这些代码和 HTML 标签混合在一起,使程序很难被别人读懂。那么,我们也可以通过特定的 JSP 标签来访问 JavaBean。采用这种方法,可以减少 JSP 网页中的 Java 运算代码,使它更接近于 HTML 页面。

同样,我们也可以导入 JavaBean 类。

如果在 JSP 网页中访问 JavaBean,首先要通过 <%@page import> 指令导入 JavaBean 类。

在导入 JavaBean 以后我们可以通过 <jsp:useBean> 标签来访问该类的对象。那么我们可以把以下代码:

```
ArrayList list = (ArrayList)request.getAttribute("userinfo");
```

改写为 <jsp:useBean> 标签来声明一个 ArrayList 对象:

```
<jsp:useBean id="userinfo" class="java.util.ArrayList"   scope="request"></jsp:useBean>
```

标签中 id 代表 JavaBean 对象的变量名,class 用来制订 JavaBean 的类名,scope 用来指定 JavaBean 对象的范围,如果在 scope 指定范围内,该 JavaBean 对象不存在,则会创建一个 JavaBean 对象,由于我们把 userinfo 对象存放在 request 中,所以 scope 属性中填写"request"。

如果在 scope 指定范围内,该 JavaBean 已经存在。则 <jsp:useBean> 标签不会生成新的 JavaBean 对象,而是直接获得存在的 JavaBean 对象的引用。

注意,在 <jsp:useBean> 标签中,指定 class 属性时,必须给出完整的 JavaBean 类名(包括所属包的名字)。如果以上的声明改为:

```
<jsp:useBeanid="userinfo" class="ArrayList"   scope="request"/>
```

JSP 编译器会找不到 ArrayList 类,从而抛出 ClassNotfoundException 的错误。那么,经过修改后,上面的 JSP 代码变成如示例代码 5-2 所示。

```
示例代码 5-2　改写后的 UserInfoDisplayList.jsp 页面
<%@page import="sun.rmi.runtime.Log"%>
<%@ page language="java" import="java.util.*" pageEncoding="gb2312"%>
<%@page language="java" import="com.xt.entity.UserInfo"%>
<!DOCTYPE HTML PUBLIC "-//W3C//DTD HTML 4.01 Transitional//EN">
<html>
<head>
<title> 显示客户列表 </title>
```

```
<meta http-equiv="pragma" content="no-cache">
<meta http-equiv="cache-control" content="no-cache">
<meta http-equiv="expires" content="0">
<meta http-equiv="keywords" content="keyword1,keyword2,keyword3">
<meta http-equiv="description" content="This is my page">
</head>
<body>
    <jsp:useBean    id="userinfo"    class="java.util.ArrayList"    scope="request"></jsp:useBean>
    <table border="1" cellspacing="3" cellpadding="3" width="784"
        height="138">
        <tr>
            <td> 用户名 </td>
            <td> 密码 </td>
            <td> 邮箱 </td>
        </tr>
        <%
        Iterator it = userinfo.iterator();
        while (it.hasNext()) {
        UserInfo us = (UserInfo) it.next();
        %>
        <tr>
            <td><%=us.getUsername()%></td>
            <td><%=us.getPassword()%></td>
            <td><%=us.getEmail()%></td>
        </tr>
        <%
            }

        %>
    </table>
</body>
</html>
```

我们在学习 JSP 标准标签的时候,还可以通过标签来访问 JavaBean 属性。JSP 提供了访问 JavaBean 属性的标签。如果要将 JavaBean 的某个属性输出到网页上,就可以用 <jsp:getProperty> 标签。例如:

```
<jsp:getProperty name=" 对象名 " property=" 属性名 "/>
```

如果要给 JavaBean 的某个属性赋值，可以用 <jsp:setProperty> 标签，例如：

> <jsp:setProperty name=" 对象名 " property=" 属性名 " value=" 值 " />

5.3　作用域

通常来说，我们会尽量避免把代码放到 JSP 中，而在重要的逻辑实现的地方开发 Servlet、JavaBean 和 JSP 定制的标签。为此，我们将频繁地在不同的组件之间交互数据。

J2EE 环境支持一种通用的域（scope）机制，允许应用的不同部分可以交互数据。

J2EE 提供了四个独立的域：

● 应用域

一个 J2EE 应用中或者在未定义应用的情况下共享整个容器中的所有 Servlet、JSP 页面和自定义标签。只有在 J2EE 容器停止或者应用被卸载的时候才重新设置他们的值。应用域的编程接口是 servletContext 对象。

● 会话域

存储一个 HTTP 会话的生命周期的信息。每个用户都有一个单独会话的对象，并且会话一般在用户系统交互的生命周期中持续存在，直到他们被手工的重新设置。会话域通过HttpSession 对象来访问。当 HTTP 本身不保留用户会话信息的时候，会话域就没有什么价值了。Servlet API 实现建立在 HTTP 标准之上已经提供这一功能。

● 请求域

用于储存仅仅在一次请求的生命周期持续的数据。一旦响应被送出去就被删除，请求域数据储存为 ServletRequest 对象的属性，因此储存在请求域中的对象可以通过 include 和forward 而得以继续存在。

● 页面域

在 JSP 和自定义的标签使用。存储在页面域中数据在页面中以及它包含的所有自定义标签的整个处理过程中都可以使用。页面域数据可以作为局部变量来使用。

如果所有的 Servlet 都提供一个值。那么在应用域中储存一个 Bean 就很合理了，此外，这样做还适合储存比一次 HTTP 会话更长的数据。应用域很有效体现为储存一次性修改网络全局性配置信息，或是储存关于应用程序的生命周期中用户记录了多次的日志信息。会话域是一个适合储存用户信息的地方。例如：用户信息等。请求域用于发送那些可能会在某个请求的过程中发生改变的数据比较理想，特别适合于那些仅仅用来产生视图的传输数据。

5.3.1　JavaBean 的范围

在 <jsp:useBean> 标签中可以设置 JavaBean 的 scope 属性，scope 属性决定了 JavaBean 对象存在的范围，scope 的可选值包括 page、request、session、application。scope 默认属性值为page。

page 的使用范围仅涵盖使用 JavaBean 的页面,如果我们在页面中使用 <jsp:useBean> 来使用一个 JavaBean,并且它的 scope 属性值是 page 时,我们一旦离开这个页面,这个 JavaBean 就失效了,当我们再次来到这个页面时,该 JavaBean 会重新初始化。

request 有效范围仅限于使用 JavaBean 的请求而已,当我们结束一个请求以后,该 JavaBean 就会消失。

session 有效范围当用户登录 Web 应用程序开始直到结束,在这整个过程我们称作会话周期。这个时候 JavaBean 在整个会话期中间是有效的。

application 有效范围为整个 Web 应用程序运行期。只有当重新启动服务器或者重新启动应用程序时,在 application 中 JavaBean 才会消失。

在我们知道 JavaBean 的有效范围之后,我们来看看在什么情况下可以使用相应的 JavaBean 的有效范围。

5.3.2　JavaBean 在 request 范围内

我们先来看看上面的示例,由于我们的 JavaBean 是在 Servlet 中初始化的,但是我们要在 JSP 中把 JavaBean 的值显示出来,当显示好以后,该 JavaBean 的内容就不需要了。这个时候,我们看到 JavaBean 的存活周期是在一个请求中,那么我们就把 JavaBean 存放在 request 范围中。

首先我们在 Servlet 中把一个 JavaBean 对象存放在 HttpRequest 对象中:

```
request.setAttribute("userinfo", list);
```

这个时候,说明 JavaBean 对象在该请求中有效,然后我们把该请求转发到 JSP 时,请求还是有效的,转发请求代码如下:

```
RequestDispatcher re = this.getServletContext().getRequestDispatcher("/admin/userinfordisplaylist.jsp");
    re.forward(request, response);
```

这个时候,我们可以在 userinfordisplaylist.jsp 页面中通过 <jsp:useBean> 标签在 request 范围中得到"userinfo"对象。

这样我们可以知道,当所有共享同一个请求的 JSP 页面执行完毕并向客户端返回响应时,JavaBean 对象结束生命周期。

JavaBean 对象作为属性保存在 HttpRequest 对象中,属性名为 JavaBean 的 id,属性值为 JavaBean 对象,因此可以通过 HttpRequest.getAttribute() 方法取得 JavaBean 对象。

5.3.3　JavaBean 在 page 范围内

在这种情况下,客户每次访问 JSP 页面时,会创建一个 JavaBean 对象。JavaBean 对象的有效范围是客户请求访问的当前 JSP 页面。JavaBean 对象在这两种情况下都会结束生命周期:

● 客户请求访问当前页面通过 <forward> 标签将请求转发到另一个文件。

● 客户请求访问当前的页面执行完毕并向客户端发回响应。

5.3.4　JavaBean 在 session 范围内

当我们在网上商店购物的时候，我们会把看中的商品放入购物车中。然后再去看其他商品，这个时候，我们就需要 Web 程序保存这个购物车，而且是每个用户都有一个独立的购物车，该购物车在整个购物程序中都存在。就是说，用户登录了网站以后，我们要在客户浏览网站的整个过程中保存客户的信息，而且每个客户的信息是不能互相访问的，在这种情况下，我们就可以把购物车对象和用户信息对象存在 session 范围内。

JavaBean 对象创建后，可以保存在 session 生命周期内。同一个 session 中的 JSP 文件共享这个 JavaBean 对象。

JavaBean 对象保存在 HttpSession 对象中，属性名为 JavaBean 的 id，属性值为 JavaBean 对象。除了可以通过 JavaBean 的 id 直接引用 JavaBean 对象外，也可以通过 HttpRequest.getAttribute() 方法取得 JavaBean 对象。

那么，在 Bookshop 应用程序中，我们需要把购物车和用户信息存放在 session 范围内，这样就可以在整个购物过程中保存这些信息。

由于我们在 Servlet 中把对象保存在会话的对象中，所以在 Servlet 中，我们首先要得到会话的对象。HttpServletRequest.getSession() 方法可以返回一个与请求相关的当前 HttpSession 对象，并且当该对象不存在的时候，会创建一个新的 session 对象。

接下来，我们完成一个用户登录并把该用户对象保存在 session 中的示例。

首先是登录界面，如示例代码 5-3 所示。

```
示例代码 5-3　登录界面
<%@ page language="java" import="java.util.*"
    contentType="text/html; charset=utf-8"%>
<jsp:include page="elements/index_head.jsp"></jsp:include>
<%
    String username = (String) session.getAttribute("loginuser");
    if (username != null)
        response.sendRedirect("books");
%>
<body>
    <div id="header" class="wrap">
        <div id="logo"> 迅腾科技集团网上书城 </div>
        <div id="navbar"></div>
    </div>
    <div id="login">
        <h2> 用户登录 </h2>
        <form method="post" action="login" onsubmit="return check()">
```

```
            <dl>
                <dt> 用户名：</dt>
                <dd>
                    <input class="input-text" type="text" id="username" name="
username"
                            onblur="isUsernameNull()" /><span id="usernull"></span>
                </dd>
                <dt> 密 码：</dt>
                <dd>
                    <input class="input-text" type="password" id="password"
                            name="password"  onblur="isPasswordNull()"  /><span
id="pwdnull"></span>
                </dd>
                <dt> </dt>
                <dd class="button">
                    <input    class="input-btn"    type="submit"    name="submit"
value="" /><input
                            class="input-reg" type="button" name="register" value=""
                            onclick="window.location='register.jsp';" />
                </dd>
            </dl>
        </form>
    </div>
    <jsp:include page="elements/index_bottom.html"></jsp:include>
```

当我们填好用户名和密码以后，点击"确认"按钮，这个时候，该页面中的数据就会提交给 Servlet，然后 Servlet 中判断用户名和密码是否正确。在上面页面中，我们可以知道，该页面提交到"/login"，然后再来看看在 web.xml 中是如何配置的，代码片段如下：

```
<servlet>
        <servlet-name>login</servlet-name>
        <servlet-class>com.xt.servlet.LoginServlet</servlet-class>
    </servlet>
    <servlet-mapping>
        <servlet-name>login</servlet-name>
        <url-pattern>/login</url-pattern>
    </servlet-mapping>
```

从上面的配置当中，我们可以知道该页面是由 com.xt.servlet. LoginServlet 处理，该 Servlet
的代码如示例代码 5-4 所示。

示例代码 5-4　处理用户登录信息

```java
package com.xt.servlet;
import java.io.IOException;
import java.io.PrintWriter;
import javax.servlet.ServletException;
import javax.servlet.http.HttpServlet;
import javax.servlet.http.HttpServletRequest;
import javax.servlet.http.HttpServletResponse;
import com.xt.bll.UserBll;
import com.xt.dao.UserDao;
/*
* 登录
*/
public class LoginServlet extends HttpServlet {
    private UserBll userbiz = null;
    private UserDao userdao = null;
    @Override
    public void init() throws ServletException {
        userdao = new UserDao();
        userbiz = new UserBll();
        userbiz.setUserdao(userdao);
    }
    @Override
    protected void doPost(HttpServletRequest req, HttpServletResponse resp)
            throws ServletException, IOException {
        String username = req.getParameter("username");
        String password = req.getParameter("password");
        // 登录操作
        boolean canLogin = userbiz.checkLogin(username, password);
        // 登录成功
        if (canLogin) {
            req.getSession().setAttribute("loginuser", username);
            resp.sendRedirect("main.jsp");
        }
        // 登录失败
```

```
        else {
            resp.setContentType("text/html; charset=utf-8");
            PrintWriter pw = resp.getWriter();
            pw.println("<script type=\"text/javascript\">");
            pw.println("alert(\" 登录失败！请重新登录！！ \");");
            pw.println("open(\"login.jsp\",\"_self\");");
            pw.println("</script>");
            pw.close();
        }
    }
}
```

先从提交的信息中得到用户名和用户信息,然后根据用户名从数据库中检索到该用户名的 userinfo 对象。

如果根据用户名找不到 userinfo 对象,说明用户不存在。

如果根据用户名找到 userinfo 对象,说明用户存在,接下来要判断密码是否与用户名匹配,如果密码匹配,那么说明用户名密码都正确,这个时候就需要把该 userinfo 对象保存在 session 范围中,保存代码为:

```
req.getSession().setAttribute("loginuser", username);
```

把 userinfo 放在 session 后,我们就可以在 session 范围内任何页面访问该对象,那么我们在每个页面的上都实现这样一个功能:如果用户登录了,那么显示其用户名,如果没有登录就跳转到登录页面,创建 main.jsp 代码如示例代码 5-5 所示。然后在 WebRoot 创建文件夹 elements,里面存放 main.jsp 的头部、菜单和脚注代码如示例代码 5-6 所示。

示例代码 5-5　根据 session 对象判断用户是否登录

```jsp
<%@ page language="java" import="java.util.*"
    contentType="text/html; charset=utf-8" isELIgnored="false"%>

<%@ taglib uri="http://java.sun.com/jstl/core_rt" prefix="c"%>
<jsp:include page="elements/main_head.html" />
<%
    String username = (String) session.getAttribute("loginuser");
    if (username == null)
        response.sendRedirect("login.jsp");
%>
<body>
    <jsp:include page="elements/main_menu.jsp" />
```

```html
        <div id="content" class="wrap">
            <div class="list bookList">
                <form method="post" name="shoping" action="cart">
                    <table>
                        <tr class="title">
                            <th class="checker"></th>
                            <th> 书名 </th>
                            <th class="price"> 价格 </th>
                            <th class="store"> 库存 </th>
                            <th class="view"> 图片预览 </th>
                        </tr>
                    </table>

                    <div class="button">
                        <input class="input-btn" type="submit" name="submit" value="" />
                    </div>
                </form>
            </div>
        </div>
</body>
<jsp:include page="elements/main_bottom.html" />
```

示例代码 5-6　Main.jsp 的头部、菜单和脚注代码

```html
<!DOCTYPE html PUBLIC "-//W3C//DTD XHTML 1.0 Transitional//EN"
"http://www.w3.org/TR/xhtml1/DTD/xhtml1-transitional.dtd">
<html xmlns="http://www.w3.org/1999/xhtml">
<head>
<meta http-equiv="pragma" content="no-cache">
    <meta http-equiv="cache-control" content="no-cache">
        <meta http-equiv="expires" content="0">
            <meta http-equiv="Content-Type" content="text/html; charset=gbk" />
            <title> 网上书城 </title>
            <link type="text/css" rel="stylesheet" href="css/style.css" />
    </head>

// 菜单 main_menu.jsp
```

```
<%@ page language="java" import="java.util.*" pageEncoding="gbk"
    isELIgnored="false"%>
<body></body>
<div id="header" class="wrap">
    <div id="logo">网上书城 </div>
    <div id="navbar">
        <div class="userMenu">
            <ul>
                <li      class="current"><font      color="BLACK"> 欢 迎 您,
<strong>${loginuser}</strong>
                </font>   </li>
                <li><a href="books"> 首页 </a>
                </li>
                <li><a href="showOrder?username=${loginuser}"> 我的订单 </a>
                </li>
                <li><a href="shopping.jsp"> 购物车 </a>
                </li>
                <li><a href="logout.jsp"> 注销 </a>
                </li>
            </ul>
        </div>
        <form method="post" name="search" action="search">
            搜索:<input class="input-text" type="text" name="keywords" /><input
                class="input-btn" type="submit" name="submit" value="" />
        </form>
    </div>
</div>


// 脚注 main_bottom.html

<div id="footer" class="wrap">2016&copy;</div>
</html>
```

我们发现上面代码首先从 session 对象中得到一个 userinfo 对象,然后判断对象是否存在,如果存在说明用户已经登录系统,然后根据判断,输出相关信息,否则重新跳转到 login.jsp。

我们可以放置在每个页面上端,那么我们可以在每个页面都能看到有关用户的信息效果(图 5-1)。

图 5-1　用户登录后界面

在图 5-1 中看到,Web 应用程序提供了一个注销功能,该超链接提交到名为 logout.jsp 的程序中,我们可以看到如下代码:

```
<%@ page language="java" import="java.util.*" contentType="text/html; charset=utf-8"%>
<%
    request.getSession().removeAttribute("loginuser");
    response.sendRedirect("login.jsp");
%>
```

可以看到,我们调用 request 对象的 getSession() 方法中的 removeAttribute() 方法,该方法的作用是释放该 session,当释放该 session 后,session 中保存的所有数据就会消失,实际下面几种情况下都会释放 session。

● 客户端关闭浏览器。

● session 过期。

● 服务器端调用 Httpsession 的 invalidate() 方法。

● 页面中移除 session

session 过期是指当 session 开始后,在一段时间内客户和 Web 服务器交互,这个时候 session 会失效,httpsession 的 setmaxinactiveinterval 方法可以设置允许 session 的超时时间,如果超过这一时间,session 就会失效。

5.4　小结

✓ 在 JSP 页面中使用 <%@page import=" "%> 指令导入类。

✓ J2EE 提供了四个独立的域:应用域、会话域、请求域、页面域。

✓ 在 <jsp:useBean> 标签中 scope 属性决定了 JavaBean 对象存在的范围,其值为 page、request、session 和 application。默认属性值为 page。

✓ HttpServletRequest.getSession() 方法可以返回一个与请求相关的当前 HttpSession 对象。

5.5   英语角

request	请求响应
application	应用
page	页
session	会话
scope	范围

5.6   作业

1. <jsp:useBean> 标签中的 scope 属性的值可以有几个？默认是什么？其作用分别是什么？
2. 什么情况下，我们需要把 JavaBean 保存在应用域？
3. 什么情况下 session 对象中的内容会消失？

5.7   思考题

我们分别在什么情况下需要使用到不同的作用域？

5.8   学员回顾内容

JavaBean 如何保存在作用域内，并在 JSP 中读取数据，显示数据。

第 6 章　EL 表达式和 JSTL

学习目标

- ✧ 理解 EL 表达式的作用。
- ✧ 掌握 EL 表达式的语法结构。
- ✧ 了解 JSTL 的作用。
- ✧ 理解 JSTL 的核心标签库。
- ✧ 掌握 <c:out> 和 <c:forEach> 标签。

课前标准

复习 JSP 标准动作的作用以及优点。

本章简介

在上面一章，我们学习通过 JSP 提供的标准动作来访问 JavaBean，从而减少在 JSP 页面中的 Java 代码，使 JSP 页面更加清晰，但是还有很多访问 JavaBean 对象的代码存在，本章我们主要来学习 EL（Expression Language）表达式和 JSTL（JSP Standard Tag Library）来使页面更加清晰。

6.1　EL 简介

EL（Expression Language，表达式语言）目的：为了使 JSP 写起来更加简单。

表达式语言的灵感来自于 ECMAScript 和 XPath 表达式语言，它提供了在 JSP 中简化表达式的方法。它是一种简单的语言，基于可用的命名空间（PageContext 属性）、嵌套属性和对集合、操作符（算术型、关系型和逻辑型）的访问符、映射到 Java 类中静态方法的可扩展函数以及一组隐式对象。

EL 提供了在 JSP 脚本编制元素范围外使用运行时表达式的功能。脚本编制元素是指页面中能够用于在 JSP 文件中嵌入 Java 代码的元素。它们通常用于对象操作以及执行那些影响所生成内容的计算。JSP 2.0 将 EL 表达式添加为一种脚本编制元素。

6.1.1　语法结构

${expression}

如：${sessionScope.user.sex}

所有 EL 都是以 ${ 为起始、以 } 为结尾的。上述 EL 范例的意思是：从 Session 的范围中，取得用户的性别。依照之前 JSP Scriptlet 的写法如下：

```
User user = (User)session.getAttribute("user");
String sex = user.getSex( );
```

两者相比较之下，可以发现 EL 的语法比传统 JSP Scriptlet 更为方便、简洁。

6.1.2　[ ] 与 . 运算符

EL 提供 "." 和 "[ ]" 两种运算符来存取数据。下列两者所代表的意思是一样的：

${sessionScope.user.sex} 等于 ${sessionScope.user["sex"]}

"." 和 "[ ]" 也可以同时混合使用，如下：

${sessionScope.shoppingCart[0].price}

回传结果为 shoppingCart 中第一项物品的价格。

不过，以下两种情况，两者会有差异：

（1）当要存取的属性名称中包含一些特殊字符，如"."或"–"等并非字母或数字的符号，就一定要使用"[ ]"，

例如：${user.My-Name}

上述是不正确的方式，应当改为：${user["My-Name"] }

（2）我们来考虑下列情况：

${sessionScope.user[data]}

此时，data 是一个变量，假若 data 的值为 "sex" 时，那上述的例子等于 ${sessionScope.user.sex}；

假若 data 的值为 "name" 时，它就等于 ${sessionScope.user.name}。因此，如果要动态取值时，就可以用上述的方法来做。

6.1.3　变量

EL 存取变量数据的方法很简单，例如：${username}。它的意思是取出某一范围中名称为 username 的变量。因为我们并没有指定哪一个范围的 username，所以它的默认值会先从 Page 范围找，假如找不到，再依序到 request、session、application 范围。假如途中找到 username，就直接回传，不再继续找下去，但是假如全部的范围都没有找到时，就回传 null，当然 EL 表达式还会做出优化，页面上显示空白，而不是打印输出 null。参见表 6-1。

表 6-1　EL 表达式 Page 范围属性名称

属性范围（Jstl 名称）	EL 中的名称
Page	PageScope
Request	RequestScope
Session	RequestScope
Application	ApplicationScope

也可以指定要取出哪一个范围的变量，参见表 6-2。

表 6-2　EL Page 范围变量示例

示例	说明
${pageScope.username}	取出 Page 范围的 username 变量
${requestScope.username}	取出 Request 范围的 username 变量
${sessionScope.username}	取出 Session 范围的 username 变量
${applicationScope.username}	取出 Application 范围的 username 变量

其中，pageScope、requestScope、sessionScope 和 applicationScope 都是 EL 的隐含对象，由它们的名称可以很容易猜出它们所代表的意思，例如：${sessionScope.username} 是取出 session 范围的 username 变量。这种写法是不是比之前 JSP 的写法：String username = (String) session.getAttribute("username"); 容易、简洁许多。

6.1.4　自动转变类型

EL 除了提供方便存取变量的语法之外，它另外一个方便的功能就是：自动转变类型，我们来看下面这个范例：

```
${param.count + 20}
```

假若窗体传来 count 的值为 10 时，那么上面的结果为 30。之前没接触过 JSP 的读者可能会认为上面的例子是理所当然的，但是在 JSP 1.2 之中不能这样做，原因是从窗体所传来的值，它们的类型一律是 String，所以当你接收之后，必须再将它转为其他类型，如：int、float 等，然后才能执行一些数值的计算，下面是之前的做法：

```
String str_count = request.getParameter("count");
int count = Integer.parseInt(str_count);
count = count + 20;
```

所以，注意不要和 Java 的语法（当字符串和数字用"+"链接时会把数字转换为字符串）混淆。

6.1.5　EL 隐含对象

　　JSP 有 9 个隐含对象,而 EL 也有自己的隐含对象。EL 隐含对象总共有 11 个,如表 6-3 所示。

表 6-3　EL 隐含对象

隐含对象	类型	说明
PageContext	javax.servlet.ServletContext	表示此 JSP 的 PageContext
PageScope	java.util.Map	取得 Page 范围的属性名称所对应的值
RequestScope	java.util.Map	取得 Request 范围的属性名称所对应的值
SessionScope	java.util.Map	取得 Session 范围的属性名称所对应的值
ApplicationScope	java.util.Map	取得 Application 范围的属性名称所对应的值
param	java.util.Map	如同 ServletRequest.getParameter(String name)。回传 String 类型的值
paramValues	java.util.Map	如同 ServletRequest.getParameterValu es(String name)。回传 String[] 类型的值
header	java.util.Map	如同 ServletRequest.getHeader(String name)。回传 String 类型的值
headerValues	java.util.Map	如同 ServletRequest.getHeaders(String name)。回传 String[] 类型的值
cookie	java.util.Map	如同 HttpServletRequest.getCookies()
initParam	java.util.Map	如同 ServletContext.getInitParameter(String name)。回传 String 类型的值

　　不过有一点要注意的是,如果你要用 EL 输出一个常量的话,字符串要加双引号,不然的话 EL 会默认把文后的常量当作一个变量来处理,这时如果这个常量在 4 个声明范围不存在的话会输出空,如果存在则输出该变量的值。

　　➢ 属性(Attribute)与范围(Scope)

　　与范围有关的 EL 隐含对象包含以下四个: pageScope、requestScope、sessionScope 和 applicationScope,它们基本上就和 JSP 的 pageContext、request、session 和 application 一样,所以这里只简要说明。不过必须注意的是,这四个隐含对象只能用来取得范围属性值,即 JSP 中的 getAttribute(String name),却不能取得其他相关信息,例如:JSP 中的 request 对象除可以存取属性之外,还可以取得用户的请求参数或表头信息等等。但是在 EL 中,它就只能单纯用来取得对应范围的属性值,例如:我们要在 session 中储存一个属性,它的名称为 username,在 JSP 中使用 session.getAttribute("username") 来取得 username 的值, 但是在 EL 中,则是使用 ${sessionScope.username} 来取得其值的。

　　➢ cookie

　　所谓的 cookie 是一个小小的文本文件,它是以 key、value 的方式将 Session Tracking 的内容记录在这个文本文件内,这个文本文件通常存在于浏览器的暂存区内。JSTL 并没有提供设定 cookie 的动作,因为这个动作通常都是后端开发者必须去做的事情,而不是交给前端的开发者。假若我们在 cookie 中设定一个名称为 userCountry 的值,那么可以使用 ${cookie.user-Country} 来取得它。

➢ header 和 headerValues

header 储存用户浏览器和服务端用来沟通的数据,当用户要求服务端的网页时,会送出一个记载要求信息的标头文件,例如:用户浏览器的版本、用户计算机所设定的区域等其他相关数据。假若要取得用户浏览器的版本,即 ${header["User-Agent"]}。另外在鲜少机会下,有可能同一标头名称拥有不同的值,此时必须改为使用 headerValues 来取得这些值。

> 注意:因为 User-Agent 中包含"-"这个特殊字符,所以必须使用"[]",而不能写成 $(header.User-Agent)。

➢ initParam

就像其他属性一样,我们可以自行设定 Web 服务端的环境参数(Context),当我们想取得这些参数。initParam 就像其他属性一样,我们可以自行设定 Web 服务端的环境参数(Context),当我们想取得这些参数,那么我们就可以直接使用 ${initParam.userid} 来取得名称为 userid,其值为 mike 的参数。下面是之前的做法: String userid = (String)application.getInitParameter("userid")(见示例代码 6-1)。

> 示例代码 6-1　在 web.xml 中配置环境参数
>
> ```xml
> <?xml version="1.0" encoding="ISO-8859-1"?>
> <web-app xmlns="http://java.sun.com/xml/ns/j2EE"
> xmlns:xsi="http://www.w3.org/2001/XMLSchema-instance"
> xsi:schemaLocation="http://java.sun.com/xml/ns/j2EE/web-app_2_4.xsd"
> version="2.4">:
> <context-param>
> <param-name>userid</param-name>
> <param-value>mike</param-value>
> </context-param>:
> </web-app>
> ```

➢ param 和 paramValues

在取得用户参数时通常使用以下方法:

> ```
> request.getParameter(String name)
> request.getParameterValues(String name)
> ```

在 EL 中则可以使用 param 和 paramValues 两者来取得数据:

```
${param.name}
${paramValues.name}
```

这里 param 的功能和 request.getParameter(String name) 相同，而 paramValues 和 request.get
Parameter Values (String name) 相同。如果用户填了一个表格，表格名称为 username，则我们就
可以使用 ${param.username} 来取得用户填入的值。

➢ pageContext

我们可以使用 ${pageContext} 来取得其他有关用户要求或页面的详细信息。表 6-4 列出
了几个比较常用的部分。

表 6-4　常用表达式介绍

表达式	说明
${pageContext.request.queryString}	取得请求的参数字符串
${pageContext.request.requestURL}	取得请求的 URL，但不包括请求之参数字符串，即 serv-let 的 HTTP 地址
${pageContext.request.contextPath}	服务的 WebApplication 的名称
${pageContext.request.method}	取得 HTTP 的方法（GET、POST）
${pageContext.request.protocol}	取得使用的协议（HTTP/1.1、HTTP/1.0）
${pageContext.request.remoteUser}	取得用户名称
${pageContext.request.remoteAddr}	取得用户的 IP 地址
${pageContext.session.new}	判断 session 是否为新的，所谓新的 session，表示刚由 server 产生而 client 尚未使用
${pageContext.session.id}	取得 session 的 ID
${pageContext.servletContext.serverInfo}	取得主机端的服务信息

这个对象可有效地改善代码的硬编码问题，如页面中有一 A 标签链接访问一个 Servlet，
如果固定了该 Servlet 的 HTTP 地址，那么如果当该 Servlet 的 servlet-mapping 改变的时候则必
须要修改源代码，这样维护性会大打折扣。

6.1.6　EL 算术运算

表达式语言支持的算术运算符和逻辑运算符非常多，所有在 Java 语言里支持的算术运算
符，表达式语言都可以使用。甚至 Java 语言不支持的一些算术运算符和逻辑运算符，表达式
语言也支持，代码如示例代码 6-2 所示。

示例代码 6-2　　EL 算术运算

```
<%@ page contentType="text/html; charset=gb2312"%>
<html>
<head>
<title> 表达式语言 - 算术运算符 </title>
</head>
<body>
    <h2> 表达式语言 - 算术运算符 </h2>
    <hr>
    <table border="1" bgcolor="aaaadd">
        <tr>
                <td><b> 表达式语言 </b></td>
                <td><b> 计算结果 </b></td>
        </tr>
        <!-- 直接输出常量 -->
        <tr>
                <td>\${1}</td>
                <td>${1}</td>
        </tr>
        <!-- 计算加法 -->
        <tr>
                <td>\${1.2 + 2.3}</td>
                <td>${1.2 + 2.3}</td>
        </tr>
        <!-- 计算加法 -->
        <tr>
                <td>\${1.2F4 + 1.4}</td>
                <td>${1.2E4 + 1.4}</td>
        </tr>
        <!-- 计算减法 -->
        <tr>
                <td>\${-4 - 2}</td>
                <td>${-4 - 2}</td>
        </tr>
        <!-- 计算乘法 -->
        <tr>
```

```
                <td>\${21 * 2}</td>
                <td>${21 * 2}</td>
        </tr>
        <!-- 计算除法 -->
        <tr>
                <td>\${3/4}</td>
                <td>${3/4}</td>
        </tr>
        <!-- 计算除法 -->
        <tr>
                <td>\${3 div 4}</td>
                <td>${3 div 4}</td>
        </tr>
        <!-- 计算除法 -->
        <tr>
                <td>\${3/0}</td>
                <td>${3/0}</td>
        </tr>
        <!-- 计算求余 -->
        <tr>
                <td>\${10%4}</td>
                <td>${10%4}</td>
        </tr>
        <!-- 计算求余 -->
        <tr>
                <td>\${10 mod 4}</td>
                <td>${10 mod 4}</td>
        </tr>
        <!-- 计算三目运算符 -->
        <tr>
                <td>\${(1==2) ? 3 : 4}</td>
                <td>${(1==2) ? 3 : 4}</td>
        </tr>
    </table>
  </body>
</html>
```

上面页面中示范了表达式语言所支持的加、减、乘、除、求余等算术运算符的功能,大家可能也发现了表达式语言还支持 div、mod 等运算符。而且表达式语言把所有数值都当成浮点数处理，所以 3/0 的实质是 3.0/0.0，得到结果应该是 Infinity。

如果需要在支持表达式语言的页面中正常输出"$"符号，则在"$"符号前加转义字符"\"，否则系统以为"$"是表达式语言的特殊标记。

6.1.7　EL 运算符

（1）关系运算符（见表 6-5）

表 6-5　关系运算符

关系运算符	说明	示例	结果
== 或 eq	等于	${5==5} 或 ${5eq5}	true
!= 或 ne	不等于	${5!=5} 或 ${5ne5}	false
< 或 lt	小于	${3<5} 或 ${3lt5}	true
> 或 gt	大于	${3>5} 或 {3gt5}	false
<= 或 le	小于等于	${3<=5} 或 ${3le5}	true
>= 或 ge	大于等于	${3>=5} 或 ${3ge5}	false

表达式语言不仅可以在数字与数字之间比较，还可以在字符与字符之间比较，字符串的比较是根据其对应 UNICODE 值来比较大小的。

注意：在使用 EL 关系运算符时，不能够写成：

${param.password1} = = ${param.password2}

或者

${ ${param.password1 } = = ${ param.password2 } }

而应写成

${ param.password1 = = param.password2 }

（2）逻辑运算符（见表 6-6）

表 6-6　逻辑运算符

逻辑运算符	示例	结果
&& 或 and	交集 ${A && B} 或 ${A and B}	true/false
|| 或 or	并集 ${A || B} 或 ${A or B}	true/false
! 或 not	非 ${! A} 或 ${not A}	true/false

（3）Empty 运算符

Empty 运算符主要用来判断值是否为 null 或空的。

（4）条件运算符

${ A ? B : C}

（5）禁用 EL

```
<%@ page isELIgnored="true" %>
```

6.1.8　特别强调

（1）注意：当表达式根据名称引用这些对象之一时，返回的是相应的对象而不是相应的属性。例如：即使现有的 pageContext 属性包含某些其他值，${pageContext} 也返回 PageContext 对象。

（2）注意：<%@ page isELIgnored="true" %> 表示是否禁用 EL 语言，TRUE 表示禁止，FALSE 表示不禁止。JSP2.0 中默认的是启用 EL 语言。

举例说明

例 1：

```
< %=request.getParameter("username")% > 等价于 ${ param.username }
```

例 2：下面的 EL 语言如果得到一个 username 为空，则不显示 null，而是不显示值。

```
userName:<input name="uname" type="text" value="${param.uname}"/>
pwd:<input name="pwd" type="password" value="${param.pwd}"/>
addr:<input name="addr" type="text" value="${param.addr}"/>
```

例 3：

```
<% =request.getAttribute("userlist") %> 等价于 $ { requestScope.userlist }
```

6.2　使用 JSTL

我们先使用 JSTL 来实现把显示用户列表 userinfordisplaylist.jsp 页面的功能，然后再来分析 JSTL 具体是如何使用的。代码如示例代码 6-3 所示。

示例代码 6-3　　使用 JSTL 来实现显示用户列表的功能

```
<%@page import="sun.rmi.runtime.Log"%>
<%@ page language="java" import="java.util.*" pageEncoding="gb2312"%>
<%@page import="com.xt.entity.UserInfo"%>
<%@ taglib uri="http://java.sun.com/jsp/jstl/core" prefix="c"%>
<!DOCTYPE HTML PUBLIC "-//W3C//DTD HTML 4.01 Transitional//EN">
<html>
<head>
<title> 显示客户列表 </title>
<meta http-equiv="pragma" content="no-cache">
<meta http-equiv="cache-control" content="no-cache">
<meta http-equiv="expires" content="0">
<meta http-equiv="keywords" content="keyword1,keyword2,keyword3">
<meta http-equiv="description" content="This is my page">
</head>
<body>
    <table border="1" cellspacing="3" cellpadding="3" width="784"
        height="138">
        <tr>
            <td> 用户名 </td>
            <td> 密码 </td>
            <td> 邮箱 </td>
        </tr>
        <c:forEach var="userinfo" items="${userinfos}">
            <tr>
                <td><c:out value="${userinfo.username}" />
                </td>
                <td><c:out value="${userinfo.password}" />
                </td>
                <td><c:out value="${userinfo.email}" />
                </td>
            </tr>
        </c:forEach>
    </table>
</body>
</html>
```

　　在上面的代码中,我们发现已经看不到一行 Java 代码,而是大量出现了一些标签,通过这些标签,上面的代码实现了同样的功能,效果如图 6-1 所示。

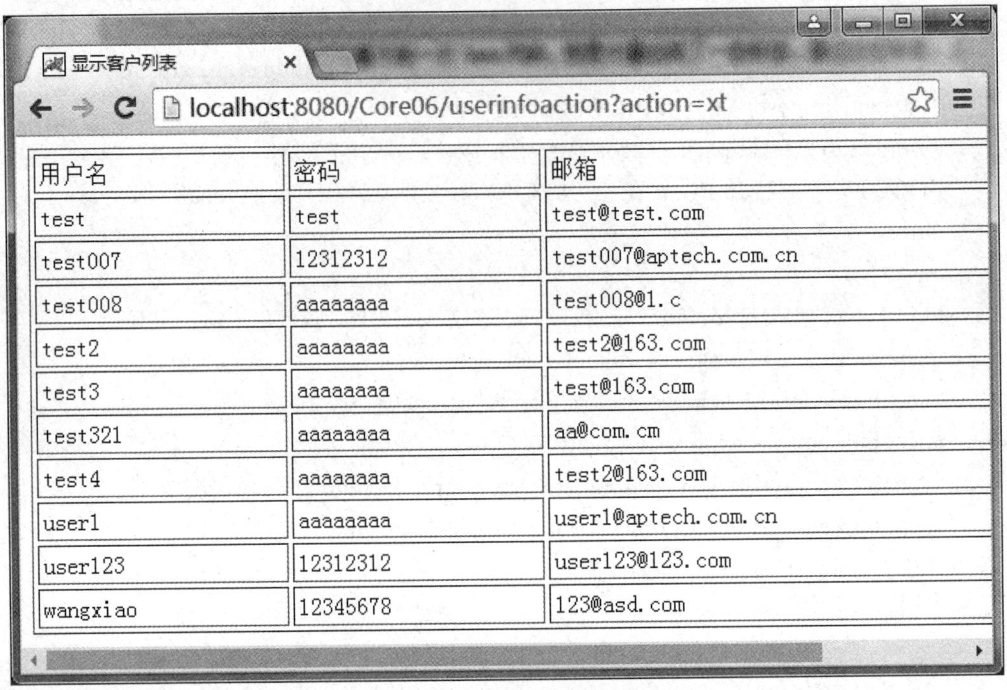

用户名	密码	邮箱
test	test	test@test.com
test007	12312312	test007@aptech.com.cn
test008	aaaaaaaa	test008@1.c
test2	aaaaaaaa	test2@163.com
test3	aaaaaaaa	test@163.com
test321	aaaaaaaa	aa@com.cm
test4	aaaaaaaa	test2@163.com
user1	aaaaaaaa	user1@aptech.com.cn
user123	12312312	user123@123.com
wangxiao	12345678	123@asd.com

图 6-1 使用 JSTL 显示效果图

在上面我们使用的是 JSP 标签标记库。使用标记库，JSP 开发人员可以很容易地扩展 Web 应用功能。利用标记库可以在我们的 JSP 程序中使用一组新的标记。JSTL 是 JSP 开发人员最常用的标记库。它为 JSP 增加了一些重要特性,如条件流程控制和循环,这样在编写 JSP 程序时就不必嵌入 Java 代码了。

通过上面的示例,我们对 JSTL 有了一些感性认识,也了解了标记库的作用,并能认识到标记库对于 JSP 开发的重要性,这样我们可以对 JSTL 中最常用的一些标记熟悉,而且还会学到怎样把基于脚本的 JSP 页面转换为基于 JSTL 的页面 。

在学习 JSP 标准标记库前,我们先来了解一下 JSP 标记库的一些知识。

JSP 标记库就是可以在 JSP 页面中使用的定制动作(标记)的集合。一旦都把标记库增加到 JSP 页面中,标记库中所有消息都将在该页面中可用。

除标准动作和 JSP 隐式对象提供的功能之外,标记库能够提供额外的功能。一般来说,标记库创建范围可以在不同 JSP 容器之间移植。这种可以移植性就能保证使用这个标记库创建的 JSP 代码能在所有 JSP 容器上部署。

基于标记库广泛的可用性,而且由于得到了标准化,所以有可能创建不带任何脚本元素(JSP 中内嵌 Java 语言编码)的 JSP 页面。

现在的开发者越来越多的使用标记库,而不在 JSP 中使用 Java 代码。这样做主要有以下原因:

➢ 如果使用 Java 代码,开发人员就可能用到整个 API,这样就很容易创建出不可移植的代码,而对某种机器或系统配置存在依赖性。

➤ 由于能够通过 Java 编程语言访问系统元素,人们可能会在 JSP 中混入应用业务逻辑,这就会污染应用的表示层。

➤ 嵌入到 JSP 中的 Java 代码很难阅读和调试,因此也很难维护。

➤ 在成品项目中的 Web 页面的 UI/ 可视布局通常由 Web 设计人员创建和修改,而这些人往往非 Java 开发人员。与内嵌的 Java 相比,处理标签库更为容易,而且标签库的语法与 HTML 很类似,这也有利于标记库处理。

如果没有足够的基本标签库支持,要想在 JSP 中不使用脚本元素是不可能的。基本标准动作和隐式对象都有一个弱点,那就是作为一种同样的编程语言,它们在能力上有所欠缺。其中缺少的特性如下:

➤ 处理不同类型的数据的能力。

➤ 处理算数表达式和逻辑表达式的能力。

➤ 处理 Java 对象的属性的能力。

➤ 创建可以附加到不同作用域的变量的能力。

➤ 控制流构造(if ... then ... else 等)。

➤ 循环构造。

➤ 转换和处理字符串的函数。

➤ 对不同类型数据进行格式化的函数。

➤ 灵活处理 URL 的能力。

➤ 访问数据库的能力。

这些缺少的能力却是 JSP 开发人员经常要使用的。如果使用标签库就必须增加这些能力。实际上由于如此需要这些特性,JSP 已经创建了一个标准标签库填补这个空缺,而且这个标准标签库最终也成为了标准 JSP 的一部分。

6.3　JSP 标准标签库

JSTL 是最常用的 JSP 标签库。这个标签库包括了一组有用的标签,可以用于处理编程领域中的以下问题:设置作用域变量、显示表达式和值、删除作用域变量以及捕获异常的通用标签。

➤ 条件流程控制标签,包括 if 和 switch...case 之类的构造。

➤ 循环标签,用于对集合中或计算循环中的元素进行迭代处理。

➤ URL 标签,用于在 JSP 中处理 URL 以及通过 URL 加载资源。

➤ 格式化数字和日期的标签。

➤ 访问关系数据库的标签。

➤ 用于字符串处理的一组 EL 可访问函数。

实际上,JSTL 所提供的标签数据库主要分为五大类,如表 6-7 所示。

表 6-7　JSTL 标签数据库

JSTL	前置名称	URL	范例
核心标签库	c	http://java.sun.com/jsp/jstl/core	<c:out>
II8N 格式标签库	fmt	http://java.sun.com/jsp/jstl/xml	<fmt:formatDate>
SQL 标签库	sql	http://java.sun.com/jsp/jstl/sql	<sql:query>
XML 标签库	xml	http://java.sun.com/jsp/jstl/fmt	<x:forBach>
函数标签库	Fn	http://java.sun.com/jsp/jstl/function	<fn.split>

在本章中,我们将重点讲解核心标签库。

这些标签能够代替我们原来一些功能,比如原来的输出使用 <%=%>,而现在就可以使用 <c:out> 标记来实现。如原来的输出 <%=userinfo.getUserid()%>,而现在可以使用如下代码实现:

```
<c:out value="${Userinfo.userid}/">
```

在使用这些标签前,还需要做一些准备,首先要下载 JSTL 的实现包,下载的网址为: http://tomcat.apache.org/taglibs/standard/。压缩包名为 "jakarta-taglibs-standard-1.1.2.zip",我们把该压缩包解压出来可以看到如下文档结构如图 6-2 所示。

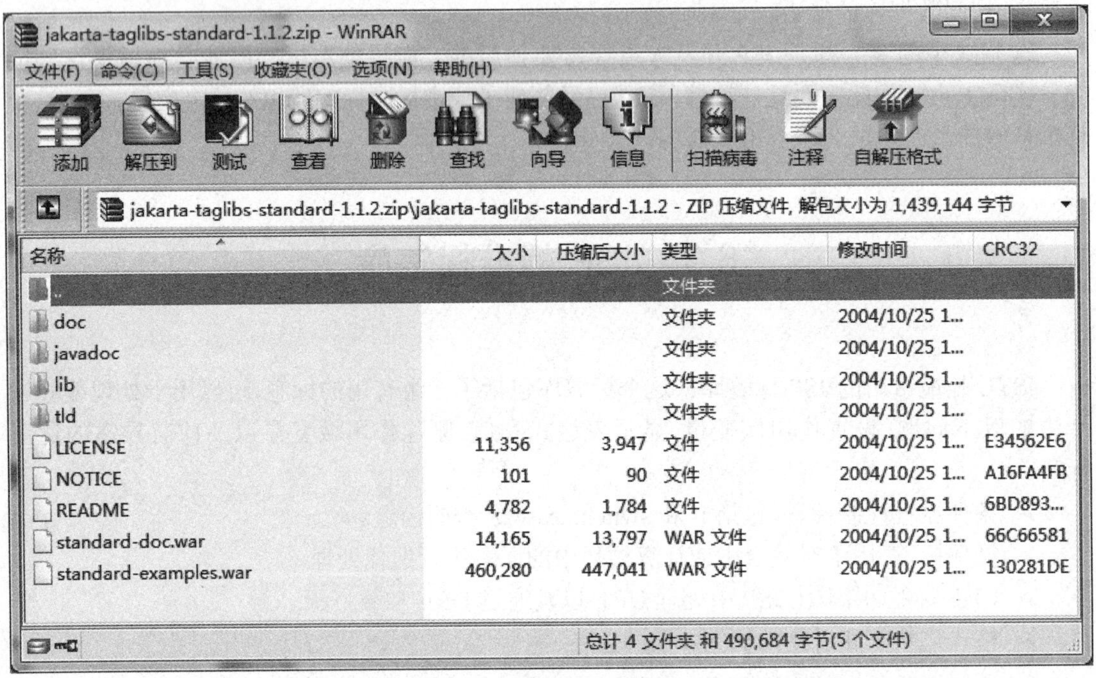

图 6-2　压缩包文档结构

然后把 lib 文件夹下的 jstl.jar 和 standard.jar 两个 jar 文件放在 WEB-INF/lib 目录下,只是把 jar 文件放置在 lib 下还不够,在 jsp 页面中还是不能使用这些标签,我们还需要把 tld 文件夹的 tld 文件复制到 WEB-INF 中,这些文件是用来维护 JSTL 标记的,有了这些文件以后我们

就可以在 JSP 文件中使用 JSTL,若要在 JSP 网页中使用 JSTL 时,一定要先做下面这行声明:

<%@ taglib uri="http://java.sun.com/jsp/jstl/core" prefix="c" %>

这段声明表示我们将使用 JSTL 的核心标签库。一般而言,核心标签库的前缀名称 (prefix) 都为 c,当然我们也可以自行设定。不过 uri 此时就必须为"http://java.sun.com/jsp/jstl/core"。

接下来就可以使用核心标记库中的 forEach 和 out 标签。

我们再来看看其结构,如图 6-3 所示。

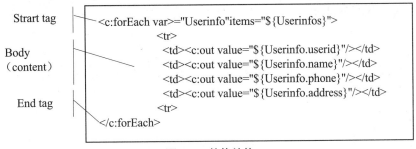

图 6-3　整体结构

然后,<c:forEach> 标记中的一些属性和标记名的结构,如图 6-4 所示。

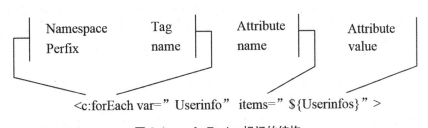

图 6-4　<c:forEach> 标记的结构

在整体结构中,也可以发现在 <c:forEach> 标记中还可以包含子标签。

这是一个 <c:forEach> 标签的主要结构,那么除了 <c:forEach> 标记以外还有哪些标签呢?

6.4　核心标签库

核心标签库(Core)主要有:基本输入输出、流程控制、迭代操作和 URL 操作。

在 JSP 中要使用 JSTL 中的核心标签库 shirt,必须使用 <%@ taglib %> 指令,并且设定 prefix 和 uri 的值,通常设定如下:

```
<%@ taglib uri="http://java.sun.com/jsp/jstl/core" prefix="c" %>
```

6.4.1　表达式操作

表达式操作分类中包含四个标签：<c:out>、<c:set>、<c:remove> 和 <c:catch>。接下来将依次序介绍这四个标签的用法。

➤ <c:out>

<c:out> 主要用来显示数据的内容，就像是 <%=scripting-language%> 一样，如：

```
<%=userinfo.getUserid%>
```

改写成：

```
<c:out value="${userinfo.userid}"/>
```

<c:out> 还有其他属性如表 6-8 所示。

表 6-8　<c:out> 其他属性

属性名	必须	类型	描述
value	True	java.lang.string	需要显示出来的值
default	False	java.lang.string	如果 value 的值为 null 则显示 default 的值
pscapexml	False	java.lang.string	当输出字符串存在特殊字符 <、>、&、'、"，是否需要进行转换，如"&"来代替"&"符号

默认的 <c:out> 可以把 value 属性中的值输出，如"<c:out value="hi，HelloWorld">"，也可以使用表达式来输出，如"${userinfo.userid}"是一个表达式语言，它以"${"开始，以"}"结束。在这两个标签中出现的是一个表达式，该表达式就好像是一个占位符，这些表达式在输出前还要通过计算才会把结果输出。比如上面的"<c:out value="${userinfo.userid}"/>"，该表达式中的 userinfo 是一个对象名，userid 是该对象的属性，通过该表达式，就可以得到该对象的 userid 属性值。

如果 value 属性的表达式值计算出现问题，比如 userinfo 没有 userid 属性，这个时候会没有任何信息输出，有的时候我们需要用一些信息来代替没有输出，比如一些提示信息，或者其他默认信息，在这种情况下可以使用 <c:out> 的 default 属性，该属性在 value 属性失败的时候起作用，代码如下：

```
<c:out value="${userinfo.userid}" default="Nobody"/>
```

在这个时候，如果表达式"${userinfo.userid}"取值失败，那么就是输出 Nobody。

上面的默认值属性还有一个等价的标签，如下所示：

```
<c:out value="${userinfo.userid}" >Nobody</c:out>
```

　　我们知道了 <c:out> 可以自动对一些特殊字符使用实体引用来替换，这样一些特殊字符的转换输出就不需要我们去处理了，该标签已经自动转换了，比如要输出 AT&T 字符或者 <o> 等包含特殊字符的时候，只需要如下输出就可以了：

```
<c:out value="AT&T"/>
```

　　该标记将输出如下内容：

```
AT&amp;T
```

　　当然有的时候，我们不需要进行转换，这个时候可以使用 pscapeXml 属性，设置其值为 false，代码如下：

```
<c:out value="${quotation}" pscapeXml="false"/>
```

　　<c:out> 主要用来将变量储存至 JSP 范围中或是 JavaBean 的属性中。
　　如果我们要将一个值存入范围为 scope 中的 varName 变量中，可以使用如下代码：

```
<c:out value="value" var="varName"[scope="{page|equest|session|application}"]/>
```

　　也可以把值存入一个对象的属性中，其语法如下：

```
<c:out value="value" target="target" property="propertyName"/>
```

　　这些属性的具体说明如表 6-9 所示。

表 6-9　<c:out> 属性的具体说明

属性名	必须	描述	默认值
Value	False	要被存储的值	无
Var	False	存入的变量名称	无
Scope	False	Var 变量存储的范围	page
Target	False	为 JavaBean 对象	无
Property	False	Target 属性指定对象的属性名	无

　　➢　<c:set>
　　使用 <c:set> 时，var 主要用来存放表达式的结果，scope 则是用来设定存储的范围，例如：假若 scope= "session"，则将会把数据储存在 session 中。如果 <c:set> 中没有指定 scope 时，则它会默认存在 page 范围里。
　　var 和 scope 这两个属性不能使用表达式来表示，例如：不能写成"scope="${ourScope}""或者是"var="${username}""。
　　我们来看如下代码：

```
<c:set var="number" scope="session" value="${10+2}"/>
```

上面代码的功能是把 10+2 的结果 12 储存到 number 变量中。而 number 变量的存储范围为 session。

如果代码改成 <c:set var="number" scope="session" value="10+2"/>，那么是把字符串"10+2"保存在 number 变量中。

➢ <c:remove>

<c:remove> 主要用来移除变量。

其语法如下：

```
<c:remove var="varName" [scope="{page|request|session|application}"]/>
```

var 属性是想要移除的变量名，该属性必须要有。

scope 属性表示 var 变量所在的范围，默认值为 page。

<c:remove> 必须要有 var 属性，即要被移除的属性名称，scope 则可有可无，例如：

```
<c:remove var="number" scope="session"/>
```

将 number 变量从 session 范围中移除。若我们不设定 scope，则 <c:remove> 将会从 page、request、session 及 application 中顺序寻找是否存在名称为 number 的数据，若能找到时，则将它移除掉，反之则不会做任何的事情。

➢ <c:catch>

<c:catch> 主要用来处理产生错误的异常情况，并且将错误信息存储起来。

<c:catch> 主要将可能发生错误的部分放在 <c:catch> 和 </c:catch> 之间。如果真的发生错误，可以将错误信息存储至 var 属性所指定的变量中，例如：

```
<c:catch var="message">
// 可能发生错误的部分
</:catch>
```

另外，当错误发生在 <c:catch> 和 </:catch> 之间时，则只有 <c:catch> 和 </:catch> 之间的程序会被中止忽略，但整个网页不会被中止。

6.4.2 流程控制

流程控制分类中包含四个标签：<c:if>、<c:choose>、<c:when> 和 <c:otherwise>，我们依次说明这四个标签的使用。

➢ <c:if>

<c:if> 的用途就和我们一般在程序中用 if 一样。

```
    <c:if test="${userinfo.userid == 'admin'}">
        ADMIN 您好！！ //body 部分
    </c:if>
```

在上面的 <c:if> 标签中有一个 test 属性，该属性必须存在，当 test 中的表达式结果为 true，那么就会执行"ADMIN 您好！！ //body 部分"，如果为 false，则不执行。当然在这里除了放纯文本外，还可以放 JSP 代码、JSP 标签或者 HTML 编码如下：

```
    <c:if test="${userinfo.userid == 'admin'}">
    <c:out value=" 欢迎 ${userinfo.userid}">
    </c:if>
```

除了 test 属性之外，<c:if> 还有另外两个属性 var 和 scope。当我们执行 <c:if> 的时候，可以将这次判断后的结果存放到属性 var 里，scope 则是设定 var 属性范围。具体如表 6-10 所示。

表 6-10　<c:if> 属性的具体说明

名称	说明	类型	必须	默认值
test	如果表达式的值为 ture 则执行本体内容，false 则相反	Boolean	是	无
var	用来存储 test 运算后的结果，即 true 或 false	String	否	无
scope	var 变量的范围	String	否	page

➢ <c:choose>、<c:when>、<c:otherwise>

这三个标签提供了多重处理能力。<c:choose> 标签非常类似于 Java 语言中的 switch 关键字；<c:when> 非常类似于 Java 语言中的 case 关键字。<c:choose> 该标签很简单，它没有属性，本身只当作 <c:when> 和 <c:otherwise> 的父标签。<c:when> 标签也是一个简单的标签，它只有一个 test 属性，当 test 属性条件成立就执行它的标记体内容。对于每一个 <c:choose> 都可以有多个 <c:when> 标签，同一个 <c:choose> 下，当有好几个 <c:when> 都符合条件时，只能执行第一个条件成立的 <c:when>。如示例代码 6-4 所示。

```
示例代码 6-4    <c:when> 标签的使用
<c:choose>
    <c:when test="${userinfo.gender == 'female'}">
    </c:when>
        Ms.
    <c:when test="${userinfo.gender == 'male'}">
        Mr.
    </c:when>
</c:choose>
<c:out value="${userinfo.userid}"/>
```

<c:otherwise> 在同一个 <c:choose> 中，当所有 <c:when> 的条件都没有成立时，则执行 <c:otherwise> 的内容。该标签同样没有属性，而且该标签必须是 <c:choose> 中最后一个子标签。

6.4.3　迭代操作

迭代（Iterate）操作主要包含两个标签：<c:forEach> 和 <c:forTokens>，我们将依次说明两个标签的使用。通过使用循环标签我们不需要 JSP 代码就可以动态创建 table 或者 List。而且通过和其他标签结合，如 <c:out>、<c:if> 等，标签体内也可以完全没有 JSP 代码。这样使 JSP 页面更加容易被阅读和维护。

➢　<c:forEach>

<c:forEach> 为循环控制，它可以将集合（Collection）中的成员顺序浏览一遍。当集合还没有被完全遍历时，就会持续重复执行 <c:forEach> 的 body 内容。<c:forEach> 标签可以包含文件、JSP 标签甚至 JSP 代码。

我们可以再来看看在本章一开始的代码，如示例代码 6-5 所示。

```
示例代码 6-5　　<c:forEach> 标签的使用
<%@page import="sun.rmi.runtime.Log"%>
<%@ page language="java" import="java.util.*" pageEncoding="gb2312"%>
<%@page import="com.xt.entity.UserInfo"%>
<%@ taglib uri="http://java.sun.com/jsp/jstl/core" prefix="c"%>
<!DOCTYPE HTML PUBLIC "-//W3C//DTD HTML 4.01 Transitional//EN">
<html>
<head>
<title> 显示客户列表 </title>
<meta http-equiv="pragma" content="no-cache">
<meta http-equiv="cache-control" content="no-cache">
<meta http-equiv="expires" content="0">
<meta http-equiv="keywords" content="keyword1,keyword2,keyword3">
<meta http-equiv="description" content="This is my page">
</head>
<body>
    <table border="1" cellspacing="3" cellpadding="3" width="784"
        height="138">
        <tr>
            <td> 用户名 </td>
            <td> 密码 </td>
```

```
                    <td> 邮箱 </td>
            </tr>
    <c:forEach var="userinfo" items="${userinfo}">
            <tr>
                    <td><c:out value="${userinfo.username}" /></td>
                    <td><c:out value="${userinfo.password}" /></td>
                    <td><c:out value="${userinfo.email}" /></td>
            </tr>
    </c:forEach>
    </table>
</body>
</html>
```

首先 <c:forEach> 标签获取 userinfo 集合一个元素。然后把该元素赋值给 userinfo 变量，然后在 <c:forEach> 标签体中，通过 <c:out> 来输出 userinfo 对象 userid 属性值。

在上面的示例中，可以知道 <c:forEach> 标签的 var 属性是用来存放现在得到的集合成员。items 属性用来存放将要被迭代的几个对象。items 属性所支持的集合如表 6-11 所示。

表 6-11　< c:forEach > 属性的说明

items 的值	所产生的 items 的值
java.util.Collection	调用 iterator() 所获得的元素
java.util.Map	java.util.Map.Entry 的实例
java.util.Enumeration	迭代器元素
Object 实例数组	枚举元素
基本类型值数组	经过包装的数组元素
用逗号定界的 String	子字符串
Javax.servlet.jsp.jstl.sql.Result	SQL 查询所获得的行

实际上 <c:forEach> 标签除了这两个属性外还有其他一些属性，它们是 begin、end 和 step，具体功能如表 6-12 所示。

表 6-12　< c:forEach > 其他属性的说明

名称	说明	类型	必须	默认值
begin	开始的位置	int	否	0
end	结束的位置	int	否	最后一个成员
step	每次迭代间隔数	int	否	1

我们使用这些属性来实现对数字的循环，代码如下：

```
<c:forEach begin="1" end="5" var="current">
        <c:out value="${current}"/>
</c:forEach>
```

上面标记的输出为：

```
1 2 3 4 5
```

我们再看下面的代码：

```
<c:forEach begin="2" end="10" step="2" var="current">
        <c:out value="${current}"/>
</c:forEach>
```

输出如下：

```
2 4 6 8 10
```

另外，<c:forEach> 还提供 varStatus 属性，主要用来存放现在指到成员的相关信息。例如：我们写成 varStatus="status"，那么将会把信息存放在名称为 status 的属性当中。该属性还有另外四个属性：index、count、first 和 last，他们的含义如表 6-13 所示。

表 6-13　< c:forEach > 其他属性的说明

属性	类型	意义
index	number	现在指到成员的索引
count	number	总共指到成员的总数
first	boolean	现在指到成员是否为第一个
last	boolean	现在指到成员是否为最后一个

➤ <c:forTokens>

<c:forTokens> 用来浏览字符串中所有的成员，其成员是定义符号（delimters）来分割的。所以它比 <c:forEach> 标签多一个属性，具体属性如表 6-14 所示。

表 6-14　<c:forTokens> 属性的说明

名称	说明	类型	必须	默认值
var	用来存放现在指到的成员	String	否	无
Items	被迭代的字符串	String	是	无
varStatus	用来存放现在指到的相关成员的信息	String	是	无
delims	定义用来分割字符串的字符	String	否	无
Begin	开始的位置	int	否	0

名称	说明	类型	必须	默认值
End	结束的位置	int	否	最后一个成员
step	每次迭代间隔数	int	否	1

接下来我们来看看示例,代码如下:

```
<c:forTokens items="a;b;c;d" delims=";" var="current">
    <li><c:out value="$(current)"/></li>
</c:forTokens>
```

其输出如下:

```
<li>a</li>
<li>b</li>
<li>c</li>
<li>d</li>
```

上面的示例只不过展示了 <c:forTokens> 的作用,如果 Userinfo 的 phone 属性中可以存放多个电话号码,而显示的时候希望这些电话号码能够分开来显示,代码如下:

```
<c:set value="5231651, 5684378, 010-69524510" var="phone"/>
<c:forTokens items="${phone}" delims="," var="current">
<li><c:out value="${current}"/></li>
</c:forTokens>
```

那么输出为:

```
<li>5231651</li>
<li>5684378</li>
<li>010-69524510</li>
```

6.4.4　URL 操作

JSP 包含三个与 URL 操作有关的标签,它们分别为 :<c:import>、<c:redirect> 和 <c:url>。它们主要的功能是用来将其他文件的内容包含进来、网页的导向、还有 url 的产生。接下来将一一进行讲解。

➢ <c:import>

<c:import> 可以把其他静态或动态文件包含至本身 JSP 网页。它和 JSP 标准动作的 <jsp:include> 最大的差别在于 : <jsp:include> 只能包含和自己同一个 Web Application 下的文件。而 <c:import> 除了能包含和自己同一个 Web Application 的文件外,亦可以包含不同 Web

Application 或者是其他网站的文件。

　　使用 <c:import> 中 url 属性，其值可以是一个绝对 URL 地址，也可以是一个相对的地址。如果是绝对地址的话如下：

```
<c:import url="http://www.xt-in.com"/>
```

　　"http://www.xt-in.com"的内容就会加到网页中。

　　如果是使用相对地址，假设保存在文件 help.html 之中，它和使用 <c:import> 的网页存在于同一个 webapps 的文件夹时，<c:import> 的写法如下：

```
<c:import url="help.html"/>
```

　　我们在前面讲过 <c:import> 可以包含同一个服务器上其他 Web 应用程序的文件，这个时候需要使用 context 属性。假设此服务器上另外还有一个 Web 应用程序，名为 MVCDemo，MVCDemo 应用程序下有一个文件夹为 jsp，且里面有 index.jsp 这个文件，那么就可以写成如下方式将此文件包含进来：

```
<c:import url="/jsp/index.jsp" context="/MVCDemo"/>
```

　　除了上面两个属性外，<c:import> 还提供了 var 和 scope 属性。当 var 属性存在时，虽然会把其他文件的内容包含进来，但是并不会输出至网页上，而是以 String 的类型储存至 varName 中。Scope 则是设定 varName 的范围。储存之后的数据，在需要时可以将它取出来，代码如下：

```
<c:import url="/images/copyright.html" var="copyright" scope="session"/>
<c:out value="${copyright}/">
```

　　除了上面两个属性外 <c:import> 标签还有一个子标签用来和所包含的页面进行参数的传递，该标签为 <c:param>，该标签有两个属性分别为 name 和 value，其中 name 为参数名，value 为参数的值。

　　➢ <c:redirect>

　　<c:redirect> 可以将客户端的请求从一个 JSP 网页重定向到其他文件。

　　该标签有两个属性，如表 6-15 所示。

表 6-15　<c:redirect> 属性的说明

名称	说明	必须	默认值
url	重定向 url	yes	无
context	本地的 web 应用程序需要 / 开头	no	cuurent context

　　当 <c:redirect> 被执行，那么浏览器将浏览一个新的页面，该标签后面的内容将不会被执行。

　　该标签也可以有子标签 <c:param> 来传递参数。

➤　<c:url>

<c:url> 标签可以用来产生一个 URL 地址,或者把该 URL 保存在一个变量中。我们先来看看该标签有哪些属性。参见表 6-16。

表 6-16　<c:url> 属性的说明

名称	说明	必须	默认值
value	需要输出或保存的 url	yes	none
context	本地的 web 应用程序需要 / 开头	no	cuurent context
var	保存的变量名	no	none
scope	变量保存的范围	no	page

和 <c:import> 与 <c:redirect> 一样,该标签也可以包含 <c:param> 标签。

我们需要在哪些状况下才会使用 <c:url> 呢? 在以前我们必须使用相对地址或是绝对地址去取得需要的图文件或文件,现在直接利用 <c:url> 从 Web 应用程序的角度来设定需要的图文件或文件的地址,这样就不需要去计算其路径,代码如下所示。

```
<a href="ShoppingCart.jsp">
<img boder=0 name=img_cart src="<c:url value='/img/cart.jpg'/>"> 购物车 </a>
```

6.5　小结

✓　JSTL 是 JSP 开发人员最常用的标签库。

✓　JSTL 可以处理设置作用域变量、显示表达式、删除作用域变量以及捕获异常的通用标记。

✓　JSTL 可以处理条件流程控制标记,包括 if 和 switch…case 之类的构造。

✓　JSTL 可以处理循环标记,用于对集合中或计算循环中的元素进行迭代处理。

✓　JSTL 可处理 URL 标记,用于在 JSP 中处理 URL 以及通过 URL 加载资源。

✓　表达式操作分类中包含四个标签:<c:out>、<c:set>、<c:remove> 和 <c:catch>。

✓　流程图控制分类中包含四个标签:<c:if>、<c:choose>、<c:when> 和 <c:otherwise>。

✓　迭代操作主要包含两个标签:<c:forEach> 和 <c:forTokens>。

✓　URL 操作标签:<c:import>、<c:redirect> 和 <c:url>。

6.6　英语角

context　　　　　　　上下文
expression　　　　　　表达式
target　　　　　　　　目标

6.7　作业

1.JSTL 核心标签库中的表达式操作标签有哪几个？
2.JSTL 核心标签库中的流程控制标签有几个？
3.JSTL 核心标签库中的迭代操作标签有几个？
4.JSTL 核心标签库中的 URL 操作标签有几个？
5.<c:forEach> 和 <c:forTokens> 的相同点和区别是什么？
6.<jsp:include> 和 <c:import> 的相同点和区别是什么？

6.8　思考题

在 Web 应用程序开发过程中使用 JSTL 有什么优势？

6.9　学员回顾内容

JSTL 核心标签库的作用及其使用。

第 7 章 连接池与 Servlet 过滤器

学习目标

    ❖ 了解连接池的概念。

    ❖ 掌握连接池的实现。

    ❖ 掌握 Servlet 过滤器。

课前准备

    复习连接数据库的知识。

本章简介

    数据库连接池是 Java Web 应用程序开发中常用的技术,用于解决高负载数据库访问造成的性能问题,提高数据库的使用效率。在本章中,我们讲解连接池的基本思想,以及如何在 Tomcat 下使用数据库连接池。

7.1 连接池简介

    一般情况下,在开发基于数据库的 Web 程序时,传统的模式基本是按以下步骤:

    ➢ 在主程序(如 Servlet、Beans)中建立数据库连接。

    ➢ 进行 SQL 操作,取出数据。

    ➢ 断开数据库连接。

    使用这种模式开发,存在很多问题。首先,我们要为每一次 Web 请求(假如查看某一篇文章的内容)建立一次数据库连接,对于一次或几次操作来讲,或许你觉察不到系统的开销,但是,对于 Web 程序来讲,即使在某一较短时间段内,其操作请求数也远远不是一两次,而是数十上百次(想想全世界的网友都有可能在你的网页上查找资料),在这种情况下,系统的开销是相当大的。事实上,在一个基于数据库的 Web 系统中,建立数据库连接的操作是系统中代价最大的操作之一。很多时候,可能您的网站速度瓶颈就在于此。

    其次,使用传统的模式,你必须去管理每一个连接,确保它们能被正常关闭,如果出现程序异常而导致某些连接未能关闭,将导致数据库系统中的内存泄漏,最终我们将不得不重启数据库。

　　针对以上的问题,我们首先想到可以采用一个全局的 Connection 对象,创建后就不能关闭,以后程序一直用它,这样就不存在每次创建、关闭连接的问题了。但是,同一个连接使用次数过多,将会导致连接不稳,进而会导致 Web 服务器的频频重启。故而,这种方法也不可取。

　　实际上,我们可以使用连接池技术来解决上述问题。首先,介绍一下连接池技术的基本原理。连接池最基本的思想就是预先建立一些连接放置于内存对象以备使用。当程序中需要建立数据库连接时,只需从内存中取一个来用而不用新建。同样,使用完毕后,只需放回内存即可。而连接的建立、断开都有连接池自身来管理。同时,我们还可以通过设置连接池的参数来控制连接池中的连接次数、每个连接的最大使用次数等等。通过使用连接池,将大大提高程序的效率,同时,我们可以通过其自身的管理机制来监视数据库连接的数量、使用情况等,如图 7-1 表示。

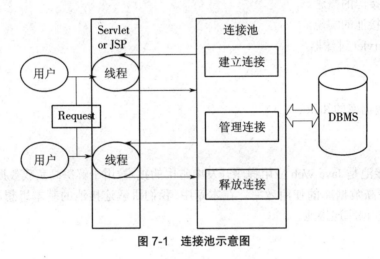

图 7-1　连接池示意图

　　大多数 Web 服务器都提供连接池的功能,所以我们不用去开发连接池,只需要使用连接池的功能就可以了,下面我们将介绍如何使用。

7.2　数据源简介

　　有了存放连接的连接池后,我们就需要使用连接池中的这些链接了。在 JDBC 中提供了 javax.sql.DataSource 接口,它负责建立与数据库的连接,在应用程序中访问数据库时不必编写连接数据库的代码,可以直接从数据源获得数据库连接。

　　在 DataSource 中事先建立多个数据库连接,这些数据库连接确保在连接池中。Java 程序访问数据库时,只需从连接池中取出空闲状态的数据库连接;当程序访问结束,再将数据库连接放回连接池,这样做可以提高访问数据库的效率。如果我们使用了 Tomcat 作为服务器,那么 DataSource 对象是由 Tomcat 提供的,因此不能在程序中采用创建一个实例的方式来生成 DataSource 对象,而需要使用 JNDI(Java Naming and Directory),来获得 DataSource 对象的引用。

我们可以简单地把 JNDI 理解为一种将对象和名字绑定的技术,对象工厂负责生产出对象,这些对象和唯一的名字绑定。外部程序就可以通过名字来获得某个对象的引用。

在 javax.naming 包中提供了 Context 接口,该接口提供了将对象和名字绑定以及通过名字检索对象的方法。

下面我们就来讲解如何在 Tomcat 配置数据源和连接池,以及如何使用 MyEclipse 配置数据源,为以后学习 Hibernate 打基础。

7.2.1 配置数据源和连接池

下面我们就来讲解如何在 Tomcat 配置数据源和连接池。

第一步:修改 context.xml 文件。

先打开在"%TOMCAT_HOME%\conf\"文件夹,找到 context.xml 文件,在文件中添加的代码如示例代码 7-1 所示。

示例代码 7-1   context.xml 文件

```
<Context path="/BookShop" docBase="BookShop" crossContext="true"
reloadable="true" debug="1">
<Resource name="BookShop" auth="Container" type="javax.sql.DataSource"
driverClassName="com.microsoft.sqlserver.jdbc.SQLServerDriver"
url="jdbc:sqlserver://localhost:1433;DatabaseName=BookShop"
username="sa" password="000000" maxActive="20" maxIdle="10" maxWait="-1"/>
</Context>
```

第二步:修改应用程序的 web.xml 文档。

我们找到应用程序 WEB-INF 目录下的 web.xml 文件,并在 web.xml 文档中添加如示例代码 7-2 所示。

示例代码 7-2   web.xml 文件

```
<resource-ref>
    <res-ref-name>BookShop</res-ref-name>
    <res-type>javax.sql.DataSource</res-type>
    <res-auth>Container</res-auth>
</resource-ref>
```

在 Tomcat 下的配置文件完成了。

第三步:添加数据库驱动程序包。

将驱动程序包 sqljdbc.jar 添加到 Tomcat 服务器的 lib 目录下。

到此为止,我们已经全部做好了数据库连接池的配置工作。接下来就可以在程序中使用数据源。

在启动好 MyEclipse 后,选择 MyEclipse Database Explorer 视图模式,我们可以看到如

图 7-2 所示界面。

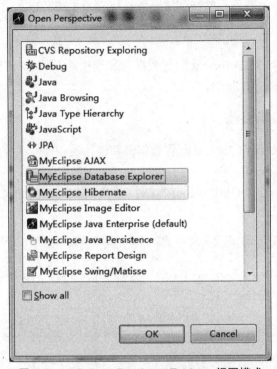

图 7-2　MyEclipes Database Explorer 视图模式

然后点击"OK"按钮打开配置数据源界面，如图 7-3 所示。

图 7-3　打开数据源界面

在图 7-3 中右击 MyEclipesDerby，选择 Edit，我们可以看见一个配置数据源界面，如图 7-4。

图 7-4　配置数据源界面

然后我们输入如图 7-5 所示内容。

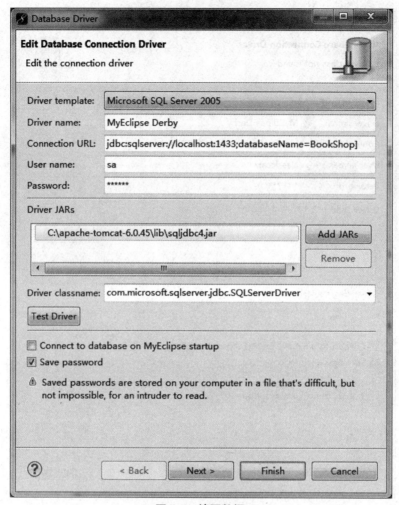

图 7-5　填写数据

　　输入好了以后，点击"Add JARs"按钮，然后再选择 jars 文件包的具体路径加入 jars 文件包，点击"Finish"按钮，数据源配置完毕。

　　然后在图 7-6 中右击 MyEclipes Derby，选择 connection 进行数据库连接。将 connected to MyEcliped Derby 展开，可看到所有数据库中的内容，如图 7-7 所示。

图 7-6　连接数据库页面

图 7-7　数据库内容

7.2.2　在程序中使用数据源

当我们配置好 xml 文件后，我们就可以修改 DBConnection.java 中连接数据库的代码。修改后的示例代码 7-3 如下所示。

示例代码 7-3　数据库连接代码

```java
package com.xt.dao;

import java.sql.Connection;

import java.sql.DriverManager;
import java.sql.PreparedStatement;
import java.sql.ResultSet;
import java.sql.SQLException;
import java.sql.Statement;
import java.util.ArrayList;
import java.util.HashMap;
import java.util.List;
import java.util.Map;

import javax.naming.InitialContext;
import javax.sql.DataSource;

import com.xt.entity.UserInfo;

public class BaseDao {
    private DataSource ds = null;
    protected Connection conn = null;
    protected ResultSet ps = null;
    protected ResultSet rs = null;
    private InitialContext ctx = null;
    private Statement stmt = null;
    private PreparedStatement pstmt = null;

    public BaseDao() throws Exception {
        super();
        ctx = new InitialContext();
        ds = (DataSource) ctx.lookup("java:comp/env/BookShop");
    }

    /*

    * 打开数据库链接
```

```
    */
    public Connection getConnection() throws SQLException {
        conn = ds.getConnection();
        return conn;
    }

    public Statement getStatement() throws java.sql.SQLException {
        stmt = this.getConnection().createStatement();
        return stmt;
    }

    public PreparedStatement getPreparedStatement(String sql)
            throws SQLException {
        pstmt = this.getConnection().prepareStatement(sql);
        return pstmt;
    }

    /*
     * 执行查询功能
     */
    protected List query(String sql, String[] columns) throws SQLException {

        List list = new ArrayList();
        Map map = null;

        try {
            rs = this.getStatement().executeQuery(sql);
            while (rs.next()) {
                map = new HashMap();
                for (int i = 0; i < columns.length; i++) {
                    map.put(columns[i], rs.getObject(columns[i]));
                }
                list.add(map);
            }
            System.out.println(list + "listlist");
        } catch (SQLException e) {
            if (e.getMessage().equals(" 列名无效 "))
```

```
                    System.out.println("+++++++++++++++ 当前要查找的列不存
在! +++++++++++++");
            else
                e.printStackTrace();
        } finally {
            closeResource();
        }
        return list;
    }


    /*
     * 释放资源
     */
    protected boolean closeResource() {

        try {
            if (rs != null)
                rs.close();
            if (ps != null)
                ps.close();
            if (conn != null)
                conn.close();
        } catch (SQLException e) {
            e.printStackTrace();
            return false;
        }
        return true;
    }
}
```

由于应用程序中的所有连接都是由 DBConnection.java 实现,所以当我们连接不同数据库时只要修改该文件就可以了。通过使用连接池,我们的应用程序在访问数据库的性能上有很大的提高,提高了大量的客户同时访问该网站的效率。

7.3　Servlet 过滤器简介

在前面我们讲解 MVC 框架的时候，我们的示例功能是属于管理员用户的，所有的页面都在 admin 目录下。为了保证该页面的安全性，我们希望只用 admin 用户才能登录到该目录下的 JSP 页面。最好的办法就是在用户访问该目录之前对所有的请求进行过滤，只有被允许的用户才能访问该目录下的 JSP 页面，在这里我们使用 Servlet 过滤器来实现该功能。

Servlet 过滤器是在 Java Servlet 规范 2.3 中定义的，它能对 Servlet 容器的请求和响应对象进行检查和修改。Servlet 过滤器提供过滤作用。Servlet 能够在 Servlet 被调用之前检查 Request 对象，修改 Request Header 和 Request 内容；在 Servlet 被调用之后检查 Response 对象，修改 Response Header 和 Response 内容。

通过添加过滤器可以扩展和增强应用程序。Servlet 过滤器是在 Servlet、jsp 或者 html 文件接到请求前被执行。

Servlet 过滤器的特点如下：

➢ Servlet 过滤器可以检查和修改 ServletRequest 和 ServletResponse 对象。

➢ Servlet 过滤器可以被指定和特定的 URL 关联，只有当客户请求访问该 URL 时，才会触发过滤器。

➢ Servlet 过滤器可以被串联在一起，形成管道效应，协同修改请求和响应对象。

7.3.1　创建 Servlet 过滤器

要创建 Servlet 过滤器必须实现 javax.servlet.Filter，该接口含有三个 Servlet 过滤器必须实现的方法，具体如下：

➢ Init(FilterConfig)：这是 Servlet 过滤器的初始化方法，Servlet 容器创建 Servlet 过滤器示例后将调用这个方法。在这个方法中可以读取 web.xml 文件中 Servlet 过滤器的初始化参数。

➢ doFilter(ServletRequest，ServletResponse，FilterChain)：这个方法完成实际的过滤操作，当客户请求访问与过滤器关联的 URL 时，Servlet 容器将先调用过滤器的 doFilter() 方法。FilterChain 参数用于访问后续过滤器。

➢ destroy()：Servlet 容器在销毁过滤器示例前调用该方法，这个方法中可以释放 Servlet 过滤器占用的资源。

接下来我们就创建一个 Servlet 过滤器，该过滤器主要实现对 admin 目录的访问权限，只有 admin 用户才能访问该目录下的 JSP 页面。首先我们创建一个 AdminFilter 类，该类实现了 javax.servlet.Filter 接口，具体代码如示例代码 7-4 所示。

示例代码 7-4　该类实现了 javax.servlet.Filter 接口

```
package com.xt.servlet;
import java.io.IOException;
```

```java
import java.io.PrintWriter;
import javax.servlet.Filter;
import javax.servlet.FilterChain;
import javax.servlet.FilterConfig;
import javax.servlet.ServletException;
import javax.servlet.ServletRequest;
import javax.servlet.ServletResponse;
import javax.servlet.http.HttpServletRequest;
import com.xt.entity.UserInfo;
public class AdminFilter implements Filter {
    private String[] userids = null;
    @Override
    public void destroy() {
        // TODO Auto-generated method stub
    }
    @Override
    public void doFilter(ServletRequest request, ServletResponse response,
            FilterChain filter) throws IOException, ServletException {
        // TODO Auto-generated method stub
        String Username = ((HttpServletRequest) request).getSession()
                .getAttribute("loginuser").toString();
        if (Username != null && (Username.trim().equals("test"))) {
            filter.doFilter(request, response);
        } else {
            response.setContentType("text/html;charset=GB2312");
            PrintWriter out = response.getWriter();
            out.println("<html><body>");
            if (Username != null) {
                out.println("<h3>" + Username + " 没有权限浏览该页面 </h3>");
            } else {
                out.println("<h3> 你没有权限浏览该页面 </h3>");
            }
            out.println("<a href='../index.jsp'> 返回 </a>");
            out.println("</body></html>");
        }
    }
```

```
@Override
public void init(FilterConfig request) throws ServletException {
    // TODO Auto-generated method stub
    userids = request.getInitParameter("userids").split(",");
}
}
```

在上面的代码中,主要对 doFilter() 方法进行编写,接下来我们来分析一下这些代码,首先从 session 对象得到一个 userinfo 对象,然后判断用户是否登录,并且登录用户是否是 admin,代码如下。

```
String Username = ((HttpServletRequest) request).getSession()
                    .getAttribute("loginuser").toString();
if (Username != null && (Username.trim().equals("test"))) {
    filter.doFilter(request, response);
```

如果用户已经登录,并且用户名是 test,那么说明该用户可以访问 test 目录下的所有页面,我们通过 FilterChain 对象的 doFilter() 方法,这个方法用户调用过滤器链中后续过滤器的 doFilter() 方法。如果没有后续过滤器,那么就把客户请求转给相应的请求组件。实现代码如下:

```
filter.doFilter(request, response);
```

如果用户没有登录,或者用户名不是 admin,那么就通知用户没有访问权限,代码如下。

```
else {
        response.setContentType("text/html;charset=GB2312");
        PrintWriter out = response.getWriter();
        out.println("<html><body>");
        if (Username != null) {
            out.println("<h3>" + Username + " 没有权限浏览该页面 </h3>");
        } else {
            out.println("<h3> 你没有权限浏览该页面 </h3>");
        }
        out.println("<a href='../index.jsp'> 返回 </a>");
        out.println("</body></html>");
    }
```

这样一个非常简单但是非常有用的 Servlet 过滤器已经写好了。同 Servlet 一样,我们还需要在 web.xml 中进行发布。

7.3.2　配置 Servlet 过滤器

发布 Servlet 过滤器,我们必须要在 web.xml 文件中加入 filter 元素和 filter-mapping 元素来定义一个过滤器。在 web.xml 文件中过滤器定义如示例代码 7-5 所示。

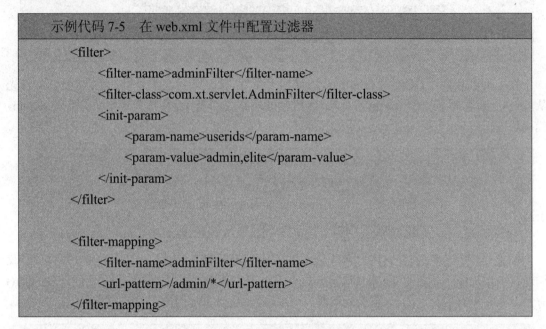

示例代码 7-5　在 web.xml 文件中配置过滤器

```xml
<filter>
    <filter-name>adminFilter</filter-name>
    <filter-class>com.xt.servlet.AdminFilter</filter-class>
    <init-param>
        <param-name>userids</param-name>
        <param-value>admin,elite</param-value>
    </init-param>
</filter>

<filter-mapping>
    <filter-name>adminFilter</filter-name>
    <url-pattern>/admin/*</url-pattern>
</filter-mapping>
```

在上面的代码中,<filter> 用来定义一个过滤器,其中 <filter-name> 指定过滤器的名字,<filter-class> 指定过滤器的类名。<filter-mapping> 用来将过滤器和 URL 进行关联。其中的 <filter-name> 用来指定一个过滤器的名字,该名字必须在 <filter> 中定义过,在这里必须是 adminFilter,<url-pattern> 是指定 URL 路径,在这里我们的 URL 路径是"/admin/*"说明是访问 admin 路径下所有请求。

当我们配置好 web.xml 后,再来运行 web 应用程序,首先在没有登录的时候访问 admin 路径下的 userinfo.jsp 页面。我们可以看到如图 7-8 所示页面内容。

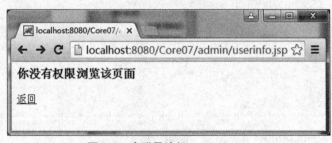

图 7-8　未登录访问 userinfo.jsp

当使用"周杰伦"用户登录后,再来访问该页面,我们可以看到如图 7-9 所示内容。

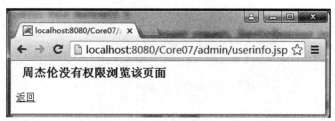

图 7-9 "周杰伦"用户登录后访问 userinfo.jsp

我们可以看到由于"周杰伦"用户不是 test，所以也被拒绝了，然后用 test 用户登录后，再访问该页面，即可正常显示页面。

有的时候，我们希望可以多个用户进入 admin 目录，如果多个用户都是在 Servlet 过滤器中通过代码来判断这个用户是否有权限，这样编写代码比较复杂，而且不便于维护最好把允许访问的客户放在 Servlet 过滤器中的初始化中，这样就可以比较简单的实现该功能。这个时候就需要使用 Servlet 过滤器的 init() 方法。具体如下。

```
<init-param>
    <param-name>userids</param-name>
    <param-value>admin, elite</param-value>
</init-param>
```

在上面的配置文件中，可以看到 <filter> 中多了一个 <init-param>，在该元素下就是定义一些 Servlet 初始化参数。

然后，我们修改 Servlet 过滤器，如示例代码 7-6 所示。

示例代码 7-6 配置多用户权限的过滤器

```java
package com.xt.servlet;
import java.io.IOException;
import java.io.PrintWriter;
import javax.servlet.Filter;
import javax.servlet.FilterChain;
import javax.servlet.FilterConfig;
import javax.servlet.ServletException;
import javax.servlet.ServletRequest;
import javax.servlet.ServletResponse;
import javax.servlet.http.HttpServletRequest;
import com.xt.beans.Userinfo;
public class AdminFilter implements Filter {
  private String[] userids = null;
  public void destroy() {

  }
```

```java
public void doFilter(ServletRequest request, ServletResponse response,
        FilterChain filter) throws IOException, ServletException {
    Userinfo userinfo = (Userinfo) ((HttpServletRequest) request).getSession()
                    .getAttribute("userinfo");
    boolean bool = false;
    if (userinfo != null) {
        for (int i = 0; i < userids.length; i++) {
            if ((userinfo.getUserid()).trim().equals(userids[i])) {
                bool = true;
            }
        }
    }
    if (bool){
        filter.doFilter(request, response);
    }
    else {
        response.setContentType("text/html;charset=GB2312");
        PrintWriter out = response.getWriter();
        out.println("<html><body>");
        if (userinfo != null) {

            out.println("<h3>" + userinfo.getUserid() + " 没有权限浏览该页面 </h3>");
        } else {
            out.println("<h3> 你没有权限浏览该页面 </h3>");
        }
            out.println("<a href='../index.jsp'> 返回 </a>");
            out.println("</body></html>");

    }
}
public void init(FilterConfig request) throws ServletException {
    userids = request.getInitParameter("userids").split(",");
}
}
```

　　在上面代码中，我们可以看到过滤器的 init() 方法中，我们通过参数 FilterConfig 得到初始化参数 userids，然后把该字符串使用 split() 方法按照“，”进行分拆，然后放入 userids 字符串数组中。

　　在 doFilter() 方法中，我们就可以直接比较登录用户是否在 userids 数组中，如果存在那么就是合法访问用户，上面的示图显示了使用 admin 登录的 admin/userinfo.jsp 页面，点击显示客户列表可以查看到所有用户的部分信息,如图 7-10 所示。

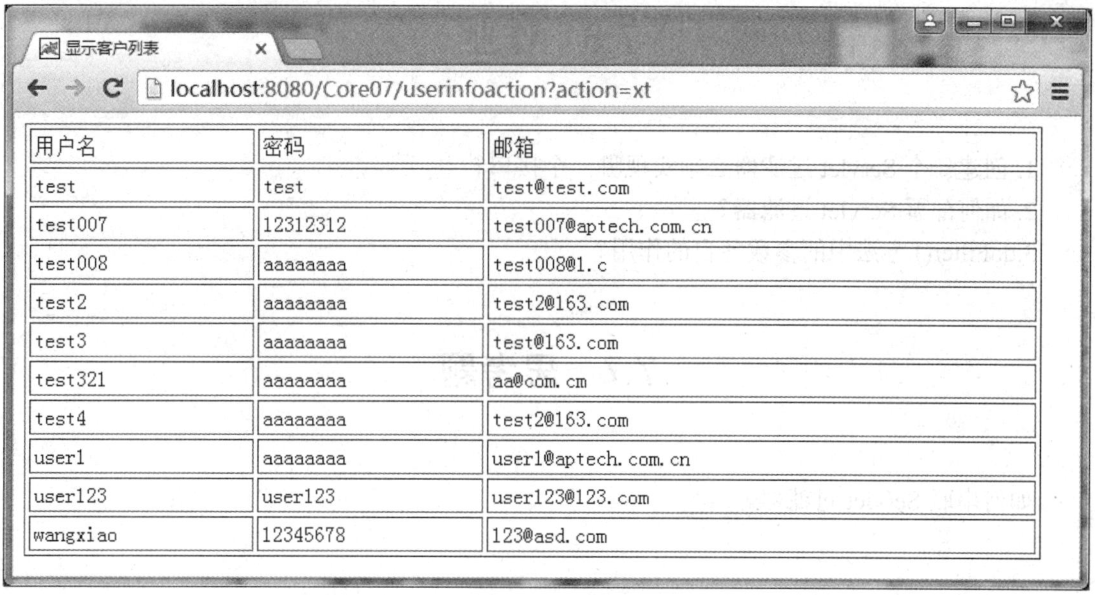

图 7-10 正常显示页面

7.4 小结

✓ 连接池基本的思想是预先建立一些连接放置于内存对象中以备使用。

✓ Servlet 过滤器是在 Java Servlet 规范 2.3 中定义的,它能够对 Servlet 容器的请求和响应对象进行检查和修改。

✓ Servlet 过滤器可以串联在一起进行协同工作。

✓ 创建 Servlet 过滤器必须实现 javax.servlet.Filter 接口。

✓ javax.servlet.Filter 接口有 init()、doFilter()、destroy() 方法。

✓ 在 web.xml 文件中通过 filter 元素、filter-mapping 元素来部署一个过滤器。

7.5 英语角

connection	连接
filter	过滤
Explorer	资源管理器
directory	目录

7.6　作业

1. 创建一个 Servlet 过滤器必须实现哪一个接口？
2. 如何部署 Servlet 过滤器？
3.doFilter() 方法中的参数各自的作用？

7.7　思考题

如何串联 Servlet 过滤器。

7.8　学员回顾内容

1. 连接池的概念以及用法。
2.Servlet 过滤器的概念以及用法。

上机部分

第1章 项目实战——在线图书购物需求分析

本阶段目标

完成阶段练习后将能够根据需求：

◇ 创建数据库。

◇ 绘制相关 UML 图。

本章中，我们将根据需求分析，绘制相关 UML 图。

1.1 指导

购物车功能顺序描述

仔细研究下面的业务逻辑，利用 UML 工具，自己动手进行绘制顺序图。

我们先看看选购商品的流程。首先，在网站上查看商品信息，在网站的首页上选择需要购买的商品。然后，在商品信息中直接点击"放入购物车"把商品放入购物车中。

根据以上描述及理论部分的知识绘制顺序图。

接着我们可以浏览加入购物车的商品的详细信息（此处有商品图片的显示），这时主页可显示出此商品的信息。

按照该顺序绘制出顺序图。

1.2 练习

购物车顺序

通过以上的指导，把商品放入购物车的顺序图绘制出来。接下来，我们分析对购物车的操作顺序。

1. 在购物车的 shopping.jsp 页面中，我们可以删除某个商品，删除信息由 ModifyCartS-ervlet.java 处理，处理好后仍然显示购物车信息。

2. 在购物车的 shopping.jsp 页面中，我们可以修改商品数量，修改商品数量由 ModifyCartServlet.java 处理，处理好后仍然显示购物车信息。

3. 在选择购物车商品的立即购买按钮后，进入 showOrder.jsp 订单页面。

1.3　实践

根据 Web 应用程序的功能，绘制出浏览商品、购买、生成订单的活动图。

第 2 章　在线图书购物数据库的建立

本阶段目标

完成阶段练习后将能够根据需求：

✦ 创建数据库。

本章中，我们将根据需求分析，创建数据库。

2.1　指导

2.1.1　用户表

我们根据用户注册时所需要填写的信息来创建用户登录表。登录名和密码是必须要有的，还有真实姓名、住址等信息都需要保存。创建 USERINFO 表语法如示例代码 2-1 所示。

```
示例代码 2-1　USERINFD 表
CREATE TABLE [dbo].[USERINFO](
    [USERNAME] [varchar](50) NOT NULL,
    [PASSWORD] [varchar](50) NOT NULL,
    [EMAIL] [varchar](50) NOT NULL,
  CONSTRAINT [PK_USERNAME] PRIMARY KEY CLUSTERED
(
    [USERNAME] ASC
)WITH (PAD_INDEX  = OFF, STATISTICS_NORECOMPUTE  = OFF, IGNORE_
DUP_KEY = OFF, ALLOW_ROW_LOCKS  = ON, ALLOW_PAGE_LOCKS  = ON) ON
[PRIMARY]
) ON [PRIMARY]
```

图 2-1 是在 SQL Server 2008R2 中建好的用户表结构图。

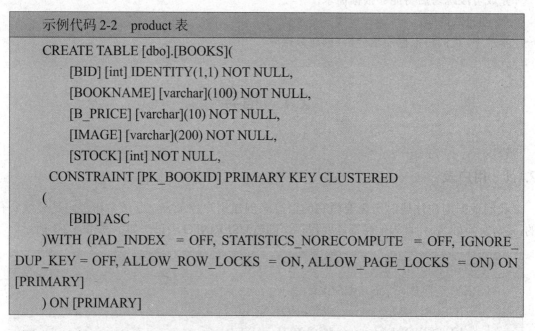

图 2-1　用户表结构图

2.1.2　图书表

我们在需求分析的时候知道，需要创建图书信息表。创建图书信息表 BOOKS 的语法如示例代码 2-2 所示。

```
示例代码 2-2    product 表
CREATE TABLE [dbo].[BOOKS](
    [BID] [int] IDENTITY(1,1) NOT NULL,
    [BOOKNAME] [varchar](100) NOT NULL,
    [B_PRICE] [varchar](10) NOT NULL,
    [IMAGE] [varchar](200) NOT NULL,
    [STOCK] [int] NOT NULL,
 CONSTRAINT [PK_BOOKID] PRIMARY KEY CLUSTERED
(
    [BID] ASC
)WITH (PAD_INDEX  = OFF, STATISTICS_NORECOMPUTE  = OFF, IGNORE_
DUP_KEY = OFF, ALLOW_ROW_LOCKS  = ON, ALLOW_PAGE_LOCKS  = ON) ON
[PRIMARY]
) ON [PRIMARY]
```

图 2-2 是在 SQL Server 2008R2 中建好的图书表结构图。

图 2-2　图书表结构图

2.2　练习

订单表

当用户根据购物车中的商品生成订单的时候，Web 应用程序需要用户输入一些订单的信息，如 OID、USERNAME（登录用户的用户名）等。OID 为外键引用约束。效果如图 2-3 所示。

LR-PC.BookShop - dbo.ORDERS

列名	数据类型	允许 Null 值
OID	int	☐
USERNAME	varchar(50)	☐
		☐

图 2-3　外键引用约束效果图

每个订单中都有多个商品，而该商品的数量值必须大于等于 1，所以还要创建一个订单商品明细表 ITEMS。该表中需要保存 IID（编号）、订单号（外键引用）、商品编号（外键引用，ORDERS 表中的 OID）、商品数量、单价等。效果如图 2-4 所示。

LR-PC.BookShop - dbo.ITEMS

列名	数据类型	允许 Null 值
IID	int	☐
OID	int	☐
BID	int	☐
CREATEDATE	varchar(50)	☐
COUNT	int	☐
PRICE	varchar(50)	☐
STATE	int	☐
TOTAL_PRICE	varchar(50)	☐
		☐

图 2-4　订单商品明细表

注意：COUNT 为商品订单数量，其值必须大于 1，为其创建一个约束。

2.3　实践

1. 根据图 2-5 创建所有的表。

图 2-5　表结构

2. 在以上表中输入相关测试数据（注意外键引用约束）。

3. 考虑是否要在数据库中创建一个购物车表，请说出理由。

第 3 章　JavaBean

本阶段目标

完成阶段练习后将能够根据需求：

✧ 创建 Web 应用程序。

✧ 创建 JavaBean。

本章中，我们将根据需求分析，创建 ShopOnLine 系统中所涉及的 JavaBean 类，以及访问数据库类。

3.1　指导

图 3-1 是一个完成所有功能的 JavaBean 文件明细。下面一一进行创建。

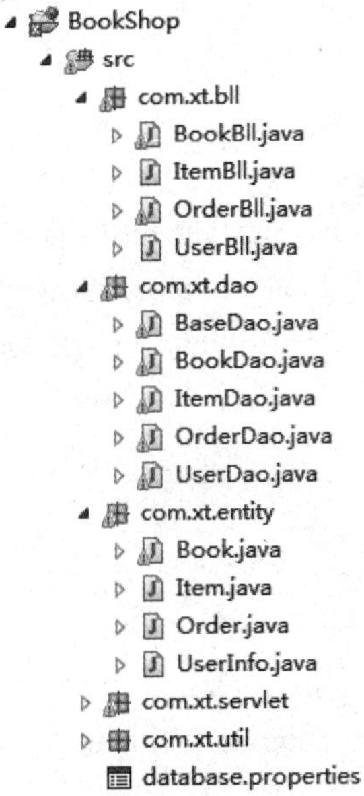

图 3-1　BookShop 系统中所涉及的 JavaBean 类

3.1.1　数据库访问类

为了能更好地连接数据库,我们专门创建了一个 BaseDao 来管理应用程序与数据库的连接。该类在包 com\xt\dao 下,其代码如示例代码 3-1 所示。

示例代码 3-1　数据库管理类

```java
package com.xt.dao;
import java.sql.Connection;
import java.sql.DriverManager;
import java.sql.PreparedStatement;
import java.sql.ResultSet;
import java.sql.SQLException;
import java.util.ArrayList;
import java.util.HashMap;
import java.util.List;
import java.util.Map;
import com.xt.util.ConfigManager;
public class BaseDao {
    protected Connection conn = null;
    protected PreparedStatement ps = null;
    protected ResultSet rs = null;
    /*
     * 获取数据库连接
     */
    protected void openconnection(){
        String driver=ConfigManager.getInstance().getString("jdbc.driver_class");
        String url=ConfigManager.getInstance().getString("jdbc.connection.url");
        String username=ConfigManager.getInstance().getString("jdbc.connection.username");
        String password=ConfigManager.getInstance().getString("jdbc.connection.password");
        try {
            Class.forName(driver);
            conn = DriverManager.getConnection(url, username, password);
        } catch (ClassNotFoundException e) {
            e.printStackTrace();
        } catch (SQLException e) {
            e.printStackTrace();
        }
```

```
    }
    /*
     * 执行更新或者删除操作
     */
    protected int deleteOrUpdate(String sql){
        int row = 0;
        openconnection();
        try {
            ps = conn.prepareStatement(sql);
            row = ps.executeUpdate();
        } catch (SQLException e) {
            e.printStackTrace();
        }finally{
            closeResource();
        }
        return row;
    }
    /*
     * 插入数据
     */
    protected int insert(String table, List list){
        int row = 0;
        StringBuffer sql = null;
            sql = new StringBuffer("insert into " + table + " values(");
            System.out.println(list.size()+"");
        for(int i = 0; i < list.size(); i++){
            if(i+1 == list.size()){
                sql.append("?)");
                break;
            }
            sql.append("?,");
        }
        openConnection();
        try {
            System.out.println(sql);
            ps = conn.prepareStatement(sql.toString());
            for(int i = 0; i < list.size(); i++)
```

```
                ps.setObject(i+1, list.get(i));
            row = ps.executeUpdate();
        } catch (SQLException e) {
            e.printStackTrace();
        }finally{
            closeResource();
        }
        return row;
    }
    /*
     * 执行 sql 查询
     */
    protected List query(String sql, String[] columns){

        List list = new ArrayList();
        Map map = null;
        openconnection();
        try {
            ps = conn.prepareStatement(sql);
            rs = ps.executeQuery();
            while(rs.next()){
                map = new HashMap();
                for(int i = 0; i < columns.length; i++){
                    map.put(columns[i], rs.getObject(columns[i]));
                }
                list.add(map);
            }
        } catch (SQLException e) {
            if(e.getMessage().equals(" 列名无效 "))
                System.out.println("++++++++++++++++ 当前要查找的列不
存在！++++++++++++++++");

            else
                e.printStackTrace();
        }finally{
            closeResource();
        }
        return list;
```

```
        }
        /*
         * 关闭资源
         */
        protected boolean closeResource(){

            try {
                if(rs != null)
                    rs.close();
                if(ps != null)
                    ps.close();
                if(conn != null)
                    conn.close();
            } catch (SQLException e) {
                e.printStackTrace();
                return false;

            }
            return true;

        }
    }
```

　　当我们修改数据库连接时只要修改该类就可以了。 此类为数据访问层父类,在数据访问层中,数据操作类只需继承于该父类并且调用父类的 **Query delete Orapdater()**、**insert()** 等方法即可。在 src 中创建了 database.properties 配置文件。该文件中存放数据访问类名称、连接字符串、数据库账号密码等信息,所以还需要要创建一个读取配置文件的工具类 ConfigManager. java。该类在包 com\xt\util 下,其代码如示例代码 3-2 所示。

示例代码 3-2　　ConfigManager.java

```
package com.xt.util;

import java.io.IOException;
import java.io.InputStream;
import java.util.Properties;
// 读取配置文件(属性文件)的工具类
public class ConfigManager {
    private static ConfigManager configManager;
    // properties.load(InputStream); 读取属性文件
    private static Properties properties;
```

```
        private ConfigManager() {
            String configFile = "database.properties";
            properties = new Properties();
            InputStream in = ConfigManager.class.getClassLoader()
                        .getResourceAsStream(configFile);
            try {
                properties.load(in);
                in.close();
            } catch (IOException e) {
                // TODO Auto-generated catch block
                e.printStackTrace();
            }
        }

        public static ConfigManager getInstance() {
            if (configManager == null) {
                configManager = new ConfigManager();
            }
            return configManager;
        }

        public String getString(String key) {
            return properties.getProperty(key);


        }
    }
```

　　然后创建图书信息数据访问层子类 BookDao.java 并继承于 BaseDao。该类在包 com\xt\dao 下，其代码如示例代码 3-3 所示。

示例代码 3-3　BookDao.java

```
package com.xt.dao;
import java.sql.SQLException;
import java.util.ArrayList;
import java.util.List;
import com.xt.entity.Book;
public class BookDao extends BaseDao  {
```

```java
    public int insert(Book book) {
        String table = "books";
        List list = new ArrayList();
        list.add(book.getBid_seq());
        list.add(book.getBookname());
        list.add(book.getPrice());
        list.add(book.getImage());
        list.add(book.getStock());
        return insert(table, list);
    }
    public List query(String sql) {
        String[] columns = {"bid", "bookname", "b_price", "image", "stock" };
        return query(sql, columns);
    }
    public int count() {
        String sql = "select count(*) from books";
        openconnection();
        int i = 0;
        try {
            ps = conn.prepareStatement(sql);
            rs = ps.executeQuery();
            while(rs.next()){
                i = rs.getInt(1);
            }
        } catch (SQLException e) {
            e.printStackTrace();
        }finally{
            closeResource();
        }

        return i;
    }
    public int update(String sql) {

        return deleteOrUpdate(sql);
    }

}
```

由于应用程序中的所有连接都是由 **BaseDao.java** 实现,所以当我们修改数据库连接时只要修改该类就可以了。此类为数据访问层父类,在数据访问层中,数据操作类只需继承于该父类并且调用父类的 Query() 方法即可。

3.1.2　图书商品相关类

1. 对应数据库中 BOOKS 表创建一个 Book 实体类,该类属性同样对应 BOOKS 表的字段。该类在包 com\xt\entity 下,该类代码如示例代码 3-4 所示。

示例代码 3-4　Category 类

```
package com.xt.entity;
public class Book implements java.io.Serializable {
    private final String bid_seq = "SEQ_BOOKS.nextVal";
    private int bid = 0;
    private String bookname = null;
    private String price = null;
    private String image = null;
    private int stock = 0;
    private int count = 0;
    public int getCount() {
        return count;
    }
    public void setCount(int count) {
        this.count = count;
    }
    public String getBid_seq() {

        return bid_seq;
    }
    public int getStock() {
        return stock;
    }
    public void setStock(int stock) {
        this.stock = stock;
    }
    public String getBookname() {
        return bookname;
    }
    public void setBookname(String bookname) {
```

```
                this.bookname = bookname;
        }
        public String getPrice() {
                return price;
        }
        public void setPrice(String price) {
                this.price = price;

        }
        public String getImage() {
                return image;
        }
        public void setImage(String image) {
                this.image = image;
        }


        public int getBid() {
                return bid;
        }
        public void setBid(int bid) {
                this.bid = bid;
        }
}
```

然后，创建一个管理该类的 BookBll 类。该类在包 com\xt\bll 下，具体代码如示例代码 3-5
所示。

示例代码 3-5　Category 的管理类 BookBll

```
package com.xt.bll;

import java.util.List;

import com.xt.dao.BookDao;
import com.xt.entity.Book;

public class BookBll {
        BookDao bookdao = null;
        public BookDao getBookdao() {
                return bookdao;
```

```java
        }
        public void setBookdao(BookDao bookdao) {
            this.bookdao = bookdao;
        }
        public boolean addBook(Book book) {

            int row = bookdao.insert(book);
            return row > 0 ? true : false;
        }
        /*
         * 获取全部图书
         */
        public List<Book> findAllBooks(int page_books, int page_NO) {
            // 分页 sql
            String sql = "SELECT * FROM BOOKS t1 WHERE (SELECT count(*)
FROM BOOKS t2 WHERE t2.BID <= t1.BID ) >= "
                    + ((page_NO - 1) * page_books)
                    + " AND (SELECT count(*) FROM BOOKS t2 WHERE t2.BID
<= t1.BID ) <="
                    + (page_NO * page_books) + "";
            return bookdao.query(sql);
        }
        /*
         * 按照书名查找类似图书

         */
        public List<Book> findBooksLikeName(String bookname) {
            String sql = "select * from books where bookname like '%" + bookname
                    + "%'";
            return bookdao.query(sql);
        }
        /*
         * 返回图书数量
         */
        public int count() {

            return bookdao.count();
        }
```

```
/*
 * 修改图书库存
 */
public boolean changeStock(int bid, String change_count) {

    String sql = "update books set stock = stock+" + change_count
            + " where bid = " + bid;
    ;
    return bookdao.update(sql) > 0 ? true : false;
    }
  }
```

3.2　练习

　　根据数据库的设计，我们需要创建两个 JavaBean 类，Item 和 Order 类。请根据需求创建这两个类，并为 Order 创建一个 OrderBll 类和 ItemBll 类，用来管理订单。

3.3　实践

　　根据 3.2 练习创建 OrderDll 类和 ItemBll 类完成订单的操作。

第 4 章 Servlet

本阶段目标

完成阶段练习后将能够根据需求：

开发 Servlet。

本章中，我们将创建 MVC 架构的控制器——Servlet。

4.1 指导

在该应用程序中，我们把所有的 Servlet 类保存在 com\xt\servlet 包中。

首先，我们创建一个根据显示商品的 Servlet，名为 ShowBookServlet.java。如示例代码 4-1 所示。

示例代码 4-1 根据用户选择商品系类后进行处理的 ViewItemList

```java
package com.xt.servlet;
import java.io.IOException;
import java.util.List;
import javax.servlet.ServletException;
import javax.servlet.http.HttpServlet;
import javax.servlet.http.HttpServletRequest;
import javax.servlet.http.HttpServletResponse;
import com.xt.bll.BookBll;
import com.xt.dao.BookDao;
import com.xt.util.PageTools;
/*
 * 显示全部图书
 */
public class ShowBooksServlet extends HttpServlet {
    private BookBll bookbiz = null;
    private BookDao bookdao = null;
```

```java
@Override
public void init() throws ServletException {
    bookdao = new BookDao();
    bookbiz = new BookBll();
    bookbiz.setBookdao(bookdao);
}
@Override
protected void service(HttpServletRequest req, HttpServletResponse resp)
        throws ServletException, IOException {
    String NO_str = req.getParameter("current_books_NO");
    int NO = NO_str == null ? 1 : Integer.valueOf(NO_str);
    int total_books = bookbiz.count();
    int book_num = PageTools.book_num;
    int total_page = total_books / book_num + 1;
    // 获得全部图书信息
    List books = bookbiz.findAllBooks(PageTools.book_num, NO);
    req.setAttribute("books", books);
    req.setAttribute("current_books_NO", NO);
    req.setAttribute("total_books_page", total_page);
    req.getRequestDispatcher("main.jsp").forward(req, resp);
}
}
```

在上面代码中，service() 方法从用户的请求对象 request 中得到商品分页信息，最后把所得的 books 集合放入 Http Servlet Request() 中，转发到 main.jsp 页面。分页工具类如示例代码 4-2 所示。

示例代码 4-2　根据用户选择商品系类后进行处理的 ViewItemList

```java
package com.xt.util;
/*
 * 设置分页参数
 */
public class PageTools {
    public static int book_num = 3;
    public static int order_num = 5;
}
```

4.2　练习

购物车相关 Servlet

对于购物车的主要操作有：

- 创建购物车。
- 把商品放入购物车。
- 修改购物车中商品数量。
- 移除购物车中的某个商品。

具体编写方法如下：

创建购物车：

1. 创建 CartServlet 类，该类实现 HttpServlet。

2. 覆盖 doPost 和 doGet 方法，在 doGet 方法中调用 doPost 方法。

3. 在 doPost 方法中首先得到用户要购买图书的商品信息，代码为：

```
String[] bids = req.getParameterValues("bookId");
String[] title = req.getParameterValues("title");
String[] price = req.getParameterValues("price");
String[] stock = req.getParameterValues("stock");
String[] image = req.getParameterValues("image");
```

4. 将图书信息循环地加入到 List 集合中，将集合放入 session 并跳转到 shoppingSuccess.jsp 页面。

修改移除购物车：

1. 创建 ModifyCartServlet 类，该类实现 HttpServlet。

2. 覆盖 doPost 和 doGet 方法，在 doGet 方法中调用 doPost 方法。

3. 在 doPost 方法中首先得到用户要购买图书的 action，代码为：

```
String action = req.getParameter("action");
if(action.equals("remove"))
    remove(req, resp);
else if(action.equals("modify"))
    modify(req, resp);
req.getRequestDispatcher("shopping.jsp").forward(req, resp);
```

4. 根据 action 来判断是移除图书还是修改要购买的图书数量。

4.3   实践

编写根据 BookShop 立即购买的流程，编写相应的 Servlet。

提示：

1.AddItemServlet.java 创建订单与订单项。

2. MyOrdersServlet.java 增加订单，清空购物车信息。

当完成所有 Servlet 后，在 BookShop 应用程序下可以看到以下文件（所选中）。如图 4-1 所示。

图 4-1   Servlet 类

第 5 章 JSP 中使用 JavaBean

本阶段目标

完成阶段练习后将能够根据需求:

✧ 在 JSP 页面中使用 JavaBean 对象。

✧ 把 JavaBean 对象中的数据显示给用户。

本章中,我们将创建 MVC 架构的视图层——JSP 页面,并在 JSP 页面上显示用户请求后的数据。

5.1 指导

这部分我们实现商品选择的功能。商品选择的功能是商品系列选择项和加入购物车的操作。商品系列功能已经在理论部分介绍过了,这里主要是商品操作的代码。先前已经讲过,在显示商品页面上可以进行将商品加入购物车的操作。

main.jsp

首页中要显示热销的商品,可以通过前面设计好的 JavaBean 来得到。代码如示例代码 5-1 所示。

```
示例代码 5-1    显示热销的商品
<%@ page language="java" import="java.util.*"
    contentType="text/html; charset=utf-8" isELIgnored="false"%>
<%@page import="com.xt.util.PageTools"%>
<%@page import="com.xt.entity.Book"%>
<%@ taglib uri="http://java.sun.com/jstl/core_rt" prefix="c"%>
<jsp:include page="elements/main_head.html" />
<%
    String username = (String) session.getAttribute("loginuser");
    if (username == null)
        response.sendRedirect("login.jsp");
```

```
%>
<%
    int NO = 0;
    int total_page = 0;
    List books = (List) request.getAttribute("books");
    if (request.getAttribute("current_books_NO") != null) {
        NO = (Integer) request.getAttribute("current_books_NO");
        total_page = (Integer) request.getAttribute("total_books_page");
    }
%>
<body>
    <jsp:include page="elements/main_menu.jsp" />
    <div id="content" class="wrap">
        <div class="list bookList">
            <form method="post" name="shoping" action="cart">
                <table>
                    <tr class="title">
                        <th class="checker"></th>
                        <th> 书名 </th>
                        <th class="price"> 价格 </th>
                        <th class="store"> 库存 </th>
                        <th class="view"> 图片预览 </th>
                    </tr>
                    <%
                    Iterator it = books.iterator();
                    while (it.hasNext()) {
                        HashMap map = (HashMap) it.next();
                    %>

                    <tr>
                        <td><input type="checkbox" name="bookId"
                            value="<%=map.get("bid")%>" />
                        </td>
                        <td class="title"><%=map.get("bookname")%></td>
                        <input type="hidden" name="title"
                            value="<%=map.get("bid")%>:<%=map.
get("bookname")%>" />
                        <td> ¥<%=map.get("b_price")%></td>
```

```
                                    <input type="hidden" name="price"
                                        value="<%=map.get("bid")%>:<%=map.get("b_
price")%>" />

                                    <td><%=map.get("stock")%></td>
                                    <input type="hidden" name="stock"
                                        value="<%=map.get("bid")%>:<%=map.get
("stock")%>" />

                                    <td  class="thumb"><img  src="<%=map.get("image")%>"
/> </td>

                                    <input type="hidden" name="image"
                                        value="<%=map.get("bid")%>:<%=map.
get("image")%>" />

                                    </tr>

                                    <%
                                        }
                                    %>
                            </table>
                            <%
                                    if (request.getAttribute("current_books_NO") != null) {
                            %>
                            <div class="page-spliter">
                                    <a href="books"> 首页 </a>
                                    <%
                                        for (int i = 1; i <= total_page; i++) {
                                    %>
                                    <%
                                        if (i == NO) {
                                    %>
                                    <span class="current"><%=i%></span>
                                    <%
                                        continue;
                                                                }
                                    %>

                                    <a href="books?current_books_NO=<%=i%>"><%=i%> </a>
                                    <%
                                        }
```

```
                                    %>
                                 <a        href="books?current_books_NO=<%=total_
page%>"> 尾页 </a>
                              </div>
                              <%
                                    }
                              %>
                              <div class="button">
                                    <input   class="input-btn"   type="submit"   name="submit"
value="" />
                              </div>
                        </form>
                     </div>
                  </div>
         </body>
         <jsp:include page="elements/main_bottom.html" />
```

5.2　练习

购物车页面实现 `

购物车页面中主要实现显示购物车中具体的购买商品以及购买的数量。可以修改该商品的数量，也可以从购物车中删除该商品。

1. 要从 session 对象中得到购物车对象。

2. 遍历购物车对象的商品集合。

3. 显示商品集合中的每一个商品。

4. 显示商品数量时使用 input 标记。

5. 显示一个移除链接。

当点击删除按钮时，提交给 Servlet 两个参数，一个是 action，值为 remove；另一个是商品的 bid。

当修改商品数量时，提交给 Servlet 参数，一个是 action，值为 modify；另两个是商品 bid 和商品 count。效果图如图 5-11 所示。

图 5-1   购物车页面

5.3   实践

请大家自己完成立即购买的开发。

当在购物车中点击"立即购买"的时候，提交到相应的 Sevlet 类 AddItemServlet 来保存订单信息和商品信息，然后转发到如下购买的订单页面。如图 5-2 所示。

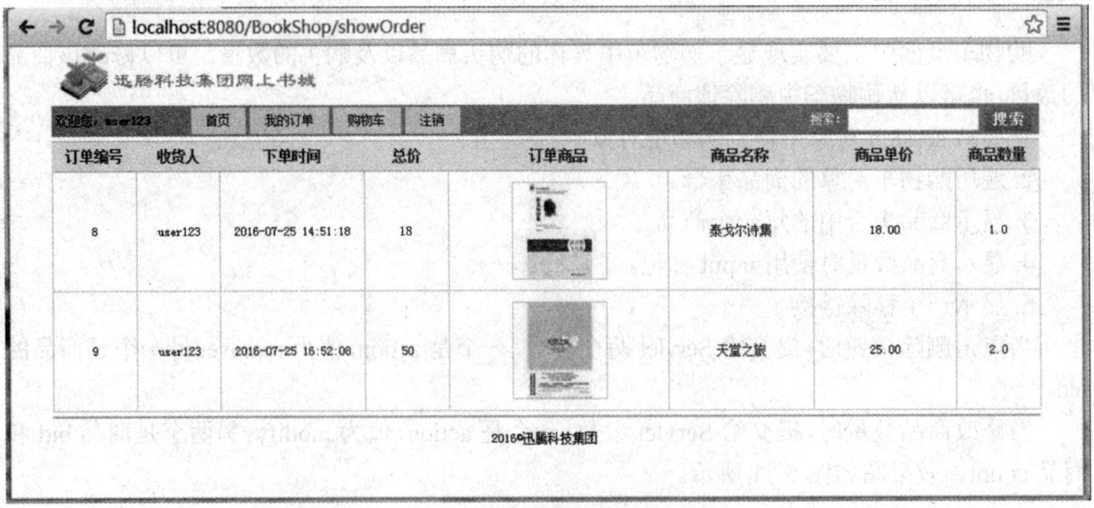

图 5-2   订单详情页面

第6章　EL 表达式和 JSTL

本阶段目标

完成阶段练习后将能够根据需求：

在 JSP 页面中使用 JSTL。

本章中，我们将使用 JSTL，在 JSP 页面上控制数据的输出。

6.1　指导

在本章里我们使用 JSTL 来修改前面各章页面上的一些 Java 代码，目的是使 JSP 页面看起来更加简洁，容易维护。

这里我们使用 JSTL 标签。

1. 我们把 JSTL 的 jar 文件复制到 web_info 的 lib 文件夹下，然后把 tld 文件复制到 web_info 文件夹下。

2. 在各章需要修改的文件的头部加入 taglib 指令，具体代码如下：

```
<%@ taglib uri="http://java.sun.com/jsp/jstl/core" prefix="c"%>
```

然后我们就可以使用 JSTL 标签来替代页面里一些 Java 代码。

首先我们修改 leftList.jsp 页面，将原来判断用户是否登录的代码通过 EL 表达式和 JSTL 标签修改成如下代码：

```
<c:if test="${!empty sessionScope.userinfo}">
    <span class="title01"> 欢迎 </span> ${sessionScope.userinfo.name}
    <a href="servlet/login?Action=logoff" class="left"> 退出 </a>
</c:if>
<c:if test="${empty sessionScope.userinfo}">
    <a href="login.jsp" class="left"> 登录 </a>
</c:if>
```

其次我们修改 itemlist.jsp 页面，在原来的页面上还可以看到一些 Java 代码，这里我们使用

JSTL 标签来代替这些代码。

使用 <c:forEach> 实现对集合对象的遍历：

```
<c:forEach var="item" items="${items}">
```

在 <c:forEach> 标签中使用 <c:url> 标签创建一个查看商品信息详细内容的超链接，代码如下：

```
<c:url value="/servlet/ViewItemDetail" var="detailURL">
    <c:param name="itemId" value="${item.itemid}"/>
</c:url>
```

使用 <c:out> 输出商品信息。

使用 <c:url> 标签创建一个加入购物车的超链接。

我们可以发现，使用 JSTL 使 JSP 页面更加清晰明了。

6.2　练习

购物车

在这里，我们将使用 JSTL 实现购物车页面 ShoppingCart.jsp 页面。参考步骤如下：

1. 使用 <c:forEach> 遍历购物车对象。

2. 使 <c:out> 输出购物车中商品的信息。

3. 在 <input> 标签中显示购物车商品的数量。

4. 使用 <c:url> 建立一个删除购物车中商品的超链接。

具体效果图如图 6-1 所示。

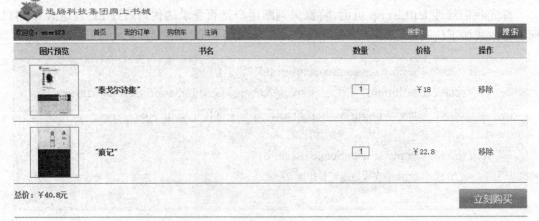

图 6-1　购物车页面

6.3　实践

利用 JSTL 修改第 5 章中结账过程的所有 JSP 页面。

第 7 章　连接池与 Servlet 过滤器

本阶段目标

完成阶段练习内容后，你将能够：
✧ 建立 Tomcat 的连接池。
✧ 创建 Servlet 过滤器。
在本章中我们将利用 Tomcat 配置数据源和连接池。

7.1　指导

7.1.1　使用 MyEclipse 配置数据源

1. 在启动好 MyEclipse 后，选择 MyEclipse Database Explorer 视图模式，我们可以看到如图 7-1 所示的界面。

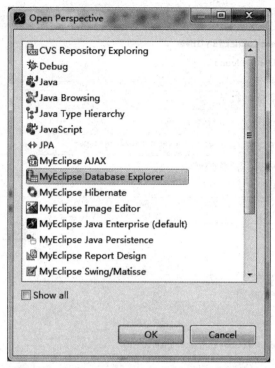

图 7-1　MyEclipse Database Explorer 视图模式

2. 然后点击"OK"按钮打开配置数据源界面，如图 7-2 所示。

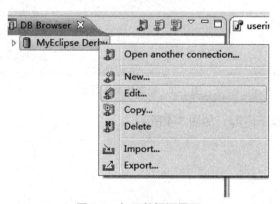

图 7-2　打开数据源界面

3. 右击"MyEclipse Derby"，选择"Edit"，我们就可以看见一个配置数据源界面。如图 7-3 所示。

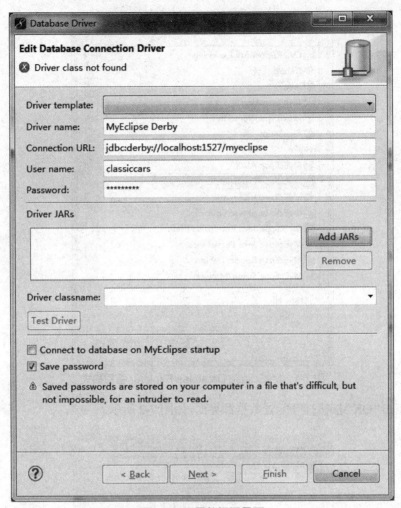

图 7-3　配置数据源界面

4. 然后，我们输入以下内容。如图 7-4 所示。

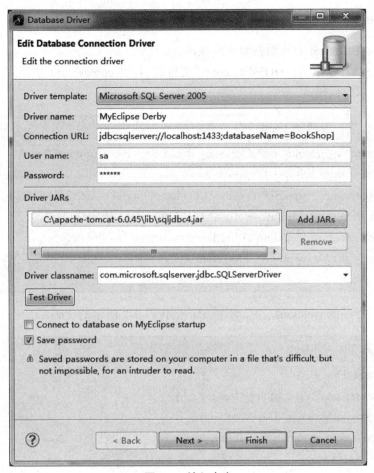

图 7-4 输入内容

5. 输入好了以后，点击"Add JARs"，然后再选择 jars 包的具体路径加入 jar 包，如图 7-5 所示。点击"Finish"按钮，数据源配置完毕。

图 7-5 数据库内容显示

6. 之后，可以对数据库中的各表使用 Hibernate 技术，直接生成各表相对应的 Java 文件。

7.1.2 Tomcat 配置数据源和连接池

下面是如何在 Tomcat 配置数据源和连接池。

1. 先打开在"%TOMCAT_HOME%\conf\"文件夹，找到 context.xml 文件，在文件中添加如示例代码 7-1 所示的代码。

示例代码 7-1 context.xml 文件

```xml
<Context path="/BookShop" docBase="BookShop" crossContext="true"
reloadable="true" debug="1">
<Resource name="BookShop" auth="Container" type="javax.sql.DataSource"
driverClassName="com.microsoft.sqlserver.jdbc.SQLServerDriver"
url="jdbc:sqlserver://localhost:1433;DatabaseName=BookShop"
username="sa" password="000000" maxActive="20" maxIdle="10" maxWait="-1"/>
</Context>
```

---

2. 修改应用程序的 web.xml 文档，添加如示例代码 7-2 所示的代码。

示例代码 7-2 在 web.xml 文件中添加如下配置

```xml
<resource-ref>
    <res-ref-name>BookShop</res-ref-name>
    <res-type>javax.sql.DataSource</res-type>
    <res-auth>Container</res-auth>
</resource-ref>
```

现在，我们就可以在程序中使用数据源。

3. 修改 DBConnection.java 中连接数据库的代码。如示例代码 7-3 所示。

示例代码 7-3 连接数据库的代码

```java
package com.xt.dao;

import java.sql.Connection;

import java.sql.DriverManager;
import java.sql.PreparedStatement;
import java.sql.ResultSet;
import java.sql.SQLException;
import java.sql.Statement;
import java.util.ArrayList;
```

```java
import java.util.HashMap;
import java.util.List;
import java.util.Map;

import javax.naming.InitialContext;
import javax.sql.DataSource;

import com.xt.entity.UserInfo;

public class BaseDao {
    private DataSource ds = null;
    protected Connection conn = null;
    protected ResultSet ps = null;
    protected ResultSet rs = null;
    private InitialContext ctx = null;
    private Statement stmt = null;
    private PreparedStatement pstmt = null;

    public BaseDao() throws Exception {
        super();
        ctx = new InitialContext();
        ds = (DataSource) ctx.lookup("java:comp/env/BookShop");
    }

    /*
     * 打开数据库链接
     */
    public Connection getConnection() throws SQLException {
        conn = ds.getConnection();
        return conn;
    }

    public Statement getStatement() throws java.sql.SQLException {
        stmt = this.getConnection().createStatement();
        return stmt;
    }
}
```

```java
public PreparedStatement getPreparedStatement(String sql)
        throws SQLException {
    pstmt = this.getConnection().prepareStatement(sql);
    return pstmt;
}

/*
 * 执行查询功能
 */
protected List query(String sql, String[] columns) throws SQLException {

    List list = new ArrayList();
    Map map = null;

    try {
        rs = this.getStatement().executeQuery(sql);
        while (rs.next()) {
            map = new HashMap();
            for (int i = 0; i < columns.length; i++) {
                map.put(columns[i], rs.getObject(columns[i]));
            }
            list.add(map);
        }
        System.out.println(list + "listlist");
    } catch (SQLException e) {
        if (e.getMessage().equals(" 列名无效 "))
            System.out.println("+++++++++++++++ 当前要查找的列不存
在！ +++++++++++++++");
        else
            e.printStackTrace();
    } finally {
        closeResource();
    }
    return list;
}

/*
```

```
    * 释放资源
    */
   protected boolean closeResource() {

       try {
           if (rs != null)
               rs.close();
           if (ps != null)
               ps.close();
           if (conn != null)
               conn.close();
       } catch (SQLException e) {
           e.printStackTrace();
           return false;
       }
       return true;
   }
}
```

7.2　练习

创建用户验证过滤器

用户结账之前必须经过用户登录。现在，创建一个 Servlet 过滤器，该过滤器在结账的时候，阻止所有没有登录的用户结账。

1. 创建一个 Servlet 过滤器，在该过滤器读取 session 中是否存在 userinfo 对象。

2. 如果用户已经登录，则允许结账，否则提醒用户先登录。

3. 配置 web.xml，设置所有和结账有关的 JSP 必须通过该过滤器。

7.3　实践

前面已经完成了所有用户使用的界面，即用户注册、登录、浏览商品、购物、结账。现在需要完成管理员的一些功能，主要是对商品的管理。主要有：

1. 添加新商品。

2. 删除商品。

3. 修改商品库存。

4. 查看销售情况表。